气候变化对中国农业影响研究

宋艳玲　著

气象出版社
China Meteorological Press

图书在版编目(CIP)数据

气候变化对中国农业影响研究/宋艳玲著. —北京：
气象出版社,2012.10
　ISBN 978-7-5029-5523-6

　Ⅰ.①气…　Ⅱ.①宋…　Ⅲ.①气候变化-影响-粮食
作物-研究-中国　Ⅳ.①S162.5

　中国版本图书馆 CIP 数据核字(2012)第 144731 号

出版发行：气象出版社
地　　　址：北京市海淀区中关村南大街 46 号　　　　邮政编码：100081
总 编 室：010-68407112　　　　　　　　　　　　发 行 部：010-68406961
网　　　址：http://www.cmp.cma.gov.cn　　　　　E-mail：qxcbs@cma.gov.cn
责任编辑：崔晓军　姜　昊　　　　　　　　　　　终　　审：黄润恒
封面设计：博雅思企划　　　　　　　　　　　　　责任技编：吴庭芳
责任校对：石　仁
印　　　刷：北京中新伟业印刷有限公司
开　　　本：787 mm×1092 mm　　1/16　　　　　印　　张：9
字　　　数：256 千字　　　　　　　　　　　　　彩　　插：8
版　　　次：2012 年 10 月第 1 版　　　　　　　　印　　次：2012 年 10 月第 1 次印刷
印　　　数：1～1000　　　　　　　　　　　　　　定　　价：40.00 元

目　　录

第 1 章　绪　论

1.1　目的及意义

地球的气候主要是在地-气系统吸收进入其中的短波太阳辐射、同时放出长波辐射的辐射平衡条件下形成的,辐射能的吸收和放射都与大气成分及其含量有关。因此,大气中温室气体和气溶胶含量的变化,及其导致的地-气辐射平衡和地表特性的变化,都会改变气候系统的能量平衡,引起全球气候变化(IPCC 2007)。

政府间气候变化专门委员会(IPCC)第四次评估报告指出(IPCC 2007),1750 年以来,由于人类活动的影响,全球大气二氧化碳(CO_2)、甲烷(CH_4)和氧化亚氮(N_2O)浓度显著增加,CO_2 浓度已从工业化前的约 280 ppm*,增加到 2005 年的 379 ppm,CH_4 浓度值则由工业化前的约 715 ppb**,增加到 20 世纪 90 年代初期的 1 732 ppb,并在 2005 年达到 1 774 ppb,N_2O 从工业化前的约 270 ppb,增加到 2005 年的 319 ppb,浓度值都远远超出了根据冰芯记录得到的工业化前几千年内的浓度值。我国的青海瓦里关大气本底观测站观测到我国 CO_2 浓度由 1990 年的 355 ppm 上升到 2000 年的约 368 ppm,10 年间上升了 13 ppm(秦大河等 2003)。其中,CO_2 是最主要的人为温室气体,也是温室气体的重要组成部分,其浓度的变化对气候系统有很大的影响。

由于温室效应,CO_2 浓度升高使全球气候发生变化,特别是使全球气温明显升高。研究表明,近百年来,地球气候正经历着一次以全球变暖为主要特征的显著变化。目前从全球平均气温和海温升高、大范围冰雪融化及海平面上升的观测中得到的证据支持了这一观点。IPCC 在 2007 年的报告中指出,自 1850 年以来,最近 12 年(1995—2006 年)中有 11 年位列最暖的 12 个年份之中。更新的 100 年(1906—2005 年)线性增温趋势为 0.74 ℃(0.56～0.92 ℃),比 2001 年第三次评估报告给出的 1901—2000 年上升 0.6 ℃(0.4～0.8 ℃)有所提高。而近 50 年的线性增温趋势(每 10 年 0.13 ℃(0.10～0.16 ℃))几乎是近 100 年的两倍,其原因,很可能是由于人类使用矿物燃料所排放的大量 CO_2 等温室气体的增温效应造成的。到 21 世纪末,温室效应导致的全球平均气温升高值将在 1.1～6.4 ℃之间(IPCC 2007)。由此引起的气候变化问题已经成为国际社会共同关注的热点,在国内外学术界得到了越来越多的重视。

我国的区域气候也发生了明显变化。由于 20 世纪早期全国观测站点太少,因此给建立可靠的百年温度变化序列带来了较大的困难。克服困难的办法是采用邻近站点插补及选用代用资料,如史料、树木年轮等。综合各方面的研究结果表明,与全球气温的变化特点相类似,百年

---

　* ppm(百万分之一),表示在大气样品中,每 100 万个空气分子中所含有的温室气体分子数,下同。

　** ppb(十亿分之一),表示在大气样品中,每 10 亿个空气分子中所含有的温空气体分子数,下同。

来,我国年平均气温升高幅度也在 0.4～0.8 ℃ 之间,其中以近 50 年变暖更为明显,达到 0.6～1.1 ℃(Hulme 等 1992,1994;Zhao 1994;王绍武等 1995;龚道溢等 1998;王绍武 2001; 魏凤英等 2003)。从区域上看,我国北方气候变暖最明显。观测资料研究还表明,近 50 年来, 我国极端最高、最低气温也升高了 0.4～1.4 ℃,尤以最低气温升高明显(翟盘茂等 1997,Zhai 等 2003,Zhao 2003)。我国百年来的降水资料还不完整,但初步分析表明没有明显的趋势性 变化(屠其璞 1987)。近 50 年来降水的变化趋势对所选取的时段和地区比较敏感,1951— 2002 年全国平均降水趋势不显著,但 1956—2002 年间呈微弱上升趋势。20 世纪后半叶,长江 中下游地区暴雨日数呈增多趋势(翟盘茂等 1999),北方农业区干旱发展面积呈增加趋势 (Wang 等 2003),但从全国平均来看,极端降水事件频率变化趋势不明显。IPCC(2007)报告 指出,1990—2100 年由于大气中 CO_2 和其他温室气体浓度的升高,全球地表气温将升高 1.1～6.4 ℃,我国的区域气温也将随之升高(丁一汇等 2005)。

　　气候变化对我国的影响正日渐显著地表现在自然、社会、经济、政治等各个方面。因此,科 学、客观地研究分析气候变化对自然生态系统和社会经济系统的可能影响,正确理解气候变化 影响的深度和广度是当前科学界必须认真对待和加以解决的重大课题。农业直接关系着人类 的生存,农业产量的稳定和可持续性是农业发展的关键。农作物产量除了受技术、品种因素影 响外,一个重要的条件就是气候要素。它既为作物提供物质、能量基础,又是农业技术有效实 施的一个限制因素。产量变化的总趋势也会因极端天气和气候事件加大而呈现不可持续性, 甚至会带来严重的粮食短缺,这在历史上已有过教训。同时,随着我国人口的增长,对粮食的 需求也相应地增长。

　　《联合国气候变化框架公约》第二条指出,要"将大气中温室气体的浓度稳定在防止气候系 统受到危险的人为干扰的水平上。这一水平应当在足以使生态系统能够自然地适应气候变 化、确保粮食生产免受威胁并使经济发展能够可持续进行的时间范围内实现"。极端天气和气 候事件是对人类社会危害最严重的自然灾害事件之一,在极端天气和气候事件面前人类社会 显得相当脆弱。IPCC 第四次评估报告(IPCC 2007)指出,如果不采取措施,未来 100 年内全 球平均气温可能上升 1.1～6.4 ℃。全球变暖的进一步加剧,将导致极端天气和气候事件更加 频繁地发生,严重威胁全球社会经济的可持续发展。对气候变化对粮食的影响问题作出定量、 明确的回答,既是环境外交的需要,也是制定气候变化响应政策的主要依据。

　　不论人类科学技术如何发展、进步,粮食生产受气候变化的影响仍然最为直接(张家诚 1998,Rosenzweig 等 1992)。水稻、冬小麦、玉米是我国最重要的粮食作物。2000 年我国种植 冬小麦面积达到 240 606 km²,冬小麦产量超过 922.05 亿 t(国家统计局 2000)。最近几十年, 由于人口的增长及工业的快速发展,我国对粮食的需求迅速增长。然而农作物的生长发育及 产量形成经常受到气候的影响,气候正常年份(即极端气候事件发生少的年份)农作物产量就 高,反之极端气候事件频繁发生的年份农作物的产量就低,如 2006 年我国气候条件较好,干旱 等自然灾害发生范围较小,程度较轻,同年冬小麦产量高于常年(国家气候中心 2006)。总之 农作物产量主要受到降水和气温的影响,这两个因素直接影响了农作物光合作用和生长速度 (Bauer 等 1984)。我国地处东亚季风区,由于东亚季风的影响我国北方经常发生区域的或大 范围的干旱、低温和洪涝,南方经常发生高温、连阴雨、洪涝和大风冰雹。所以农作物的产量在 不同的年份随着气候条件的不同而波动。因此研究气候变化对我国农作物生长发育及产量的 影响对于国家粮食安全具有重要的意义。

1.2　国内外研究现状

大气中温室气体含量增多,引起温室效应,使气候变暖,对于季风气候明显的中国地区,季风气候变率加大,旱、涝等灾害更加趋于频繁(翟盘茂等 1997)。这种以气候变暖为主导的气候变化对农作物生长发育和产量形成产生明显的影响。但这种影响机理是十分复杂的,它的影响因素众多,且各种因素彼此间还相互交错。目前关于气候变化对农作物影响研究的主要方法包括统计研究方法和动力研究方法,其中动力研究方法由于机理性强被广泛应用,动力研究方法主要是指利用气候模式结果驱动作物模型,模拟未来气候变化背景下气候变化对农作物生长发育和产量形成的影响。

1.2.1　作物模型的发展

气候变化对农业的影响主要体现在影响种植制度、影响作物生长发育和产量及对灾害性气候的影响。气候变化对农业的影响是综合的,例如气候变暖导致的气温升高会使农作物光合速率提高,但同时由于达到所需积温的时间缩短,农作物的生育期会普遍缩短,对干物质积累和子粒重产生不利影响。热量资源增加对农作物生长发育的影响很大程度上受降水变化的制约,特别是在我国北方地区,降水往往是农作物生长发育的主要限制因子。为了研究气候变化和气候变率对农作物的影响,需要建立农作物和气候因子相联系的作物生长模型。因此作物生长模型成为评价气候变化对农业影响不可缺少的工具。

1.2.1.1　国外作物模型的发展

20 世纪 60 年代起,随着对作物生理生态机理的认识不断深入和计算机技术的迅猛发展,作物生长模型的研究得到了飞速发展,目前已经达到了实用化阶段。作物模型基于作物生理生态机理,考虑了作物生长与天气、土壤等因素的相互作用。作物计算机模拟是指用数学概念和方法表达作物的生长过程。Curry 等(1990)认为,作物模拟应尽可能的应用数学公式描述作物的动态过程。Thomas 等(1996)指出作物模拟模型是借助于计算机手段,对作物各种生长过程进行综合的数学模型。我国著名作物模型专家高亮之对作物模拟的定义是:作物模拟是从系统科学的观点出发,将作物生产看成是一个由作物、环境、技术、经济四要素构成的整体,不仅可以通过建立数学模型或子模型对作物过程及其与环境之间的复杂关系进行动态描述,还可以兼收相关学科的理论和实验成就(高亮之等 1989)。

作物生长模型早期的研究是荷兰学者 de Wit 等和美国学者 Duncan 开创的(de Wit 1965,Duncan 等 1967)。他们相继发表了两个能在计算机上模拟玉米生产过程的模型,这标志着作物模拟技术的问世。但上述模型主要以解释和描述作物本身的生理过程为目标,对环境因子考虑得较少,所采用的方法基本上是以分析试验数据的统计方法为主,涉及的变量较多,而各变量之间又存在着复杂的关系,故很难在农业生产中应用。

20 世纪 70—80 年代,针对早期作物模型机理性不足、应用性较差的弊病,作物模拟研究领域逐渐分化成以荷兰 de Wit 和美国 Ritchie 为代表的两大学派。荷兰学者注重作物生长过程的机理表达,即利用现有知识、理论或假说,首先构建作物过程的模拟模型或子模型,然后再将模拟结果与试验数据进行比较,看现有的知识、理论或假说能否圆满解释生长发育、光合作用、干物质分配和产量形成等生理过程。这一思想贯穿在他们先后推出的 ELCROS(初级作物生长模拟模型)、BACROS(基本作物生长模拟模型)、SUCROS(简单和通用作物生长模拟模型)、MACROS(一年生作物模拟模型)和 WOFOST(世界粮食作物研究模型)等模型中(van Ittersum 等 2003)。荷兰学者研制的模型结构严谨,理论性和综合性强,一定程度上代表了本领域研究的最高水平。美国学者则主张作物模拟模型既要在理论上可行,又要便于应用。因此在他们研制的模型中,一方面包含了动力学和生理过程,同时也包含以试验为基础的经验公式或参数。这种模型被称为基于作物过程的模拟模型,最具代表性的是著名的 CERES(作物-环境综合系统)模型系列,目前已覆盖了玉米、小麦、水稻、大麦、高粱、粟、马铃薯、大豆、花生、木薯等多种作物模型。同一时期或稍后研制的作物模型还有:WINTER WHEAT(冬小麦模型)、GOSSYM(棉花生长模拟模型)、RICEMOD(水稻模型)、SICM(大豆综合作物模型)、EPIC(土壤侵蚀影响生产力模拟模型)、SIMRIW(水稻-天气模拟模型)、ORYZAL(水稻生产基本模型)等。

20 世纪 90 年代之后,作物模型继续朝着应用多元化方向发展,荷、美两大学派也出现了合流趋势,即一致主张机理性与应用性并重。同时,对作物生产中的优化问题亦更为重视。这段时间,研究的重点放在提高模型的普适性、准确性和操作的简易性等方面,并主张与其他学科的模型相衔接,与其他信息技术相结合,并成为其中重要的组成部分,这是当今作物模型发展的大趋势。与其他学科模型相衔接,作物模式被广泛应用,其中最成功的例子是将作物模型与大气环流模型(GCM)相连接,评估全球气候变化对农业生产的影响。

1.2.1.2　国内作物模型的发展

我国作物模拟开始于 20 世纪 80 年代。1983 年,江苏省农业科学院高亮之等在美国俄勒冈州立大学合作研究期间发表的《ALFAMOD——苜蓿生产的农业气象计算机模拟模式》,是中国学者最早的有关作物模拟的研究论文(Hannaway 等 1983)。此后,中国科学院上海生命研究院植物生理生态研究所黄策等(1986)和江西农业大学戚昌翰等(1991)研制的作物模型均在学术界产生了重要影响。至 20 世纪 90 年代,江苏省农业科学院高亮之、金之庆和黄耀等将作物模拟技术与水稻栽培的优化原理相结合,完成了我国第一个大型的作物模拟软件——RCSODS(水稻栽培模拟优化决策系统)。此后,中国农业科学院将 CERES-MAIZE 模型汉化并广泛应用于气候变化对农业影响评估研究中。中国农业大学冯利平等(2003)和潘学标等(1996)分别研制了冬小麦生长发育模拟模型和棉花生长发育模拟模型,并在国家气候中心业务评估中得到应用。刘建栋等(1999)建立了小麦的气候生产潜力模型。中国科学院植物研究所尚宗波等(2000)建立了玉米生长生理生态学模拟模型。以上这些研究都在一定程度上反映了我国在作物模拟研究领域的进展。

1.2.1.3　作物模型在区域尺度上的应用

作物生长模型在单点尺度上的应用得到了很好的检验。越来越多的研究者开始尝试将作物生长模型用于不同的空间尺度,因为这对粮食生产者、贸易商及决策者都有巨大的潜在效益。从研究角度讲,随着气候变化研究的兴起,出于气候变化对区域粮食生产的影响和需要采取相应对策的考虑,作物生长模型在区域尺度上的应用研究越来越受到重视。

作物生长模型的区域应用还存在许多问题,区域地表土壤和作物参数及其他环境参数的获取困难是困扰作物生长模型区域应用的主要问题。首先,随着空间尺度的增大,土壤、气候和农业管理措施的空间变异性增大,因而,传统的模型验证方法即在每一地块进行验证的方法就显得费时间、费资金,从而不具有可操作性;其次,在区域尺度上运行模型所需要的空间数据库通常是不完备的,即不可能获得区域上每块农田已拥有的相关数据,或者是空间数据的尺度不能完全反映空间变异性。因此,目前大多数研究仅限于在某个或某几个站点进行研究。

1.2.1.4 作物模式在气候变化影响评估中的应用

为了评估气候变化及其变率对农业的可能影响,作物模式被广泛地应用(林而达等 1997,戴晓苏 1997,张宇等 1998,Riha 等 1996,Hulme 等 1999,Lal 等 1999,Mavromatis 等 1999,Alexandrov 等 2000,熊伟等 2001)。这些模式许多是基于田间试验的作物模型,用来对作物进行评估,如 DSSAT(CERES),WOFOST,COPRAS 和 WHTMOD(冯利平 1997)。研究发现这些模式在我国的某些地区是适用的(邬定荣等 2003)。

目前很多研究发现,在未来 30~50 年内,如果不考虑 CO_2 的施肥效应,气候变化将对农作物产生负面影响。张宇等(1998)利用 ORYZAL 和 GCMs(GFDL,UKMOH,MPI3)联结,研究发现气候变化将使我国水稻生育期延长 6~11 天,减产 1.9%~13.7%。熊伟等(2001)研究表明,气候变化将使我国水稻产量发生变化,变化幅度为 -24.5%~2.5%。葛道阔(2002)研究发现气候变化将使我国南方大部分稻区减产。然而一些研究也同时指出,由于 CO_2 的肥效作用,气候变化将对我国某些地区的农业产生积极作用(熊伟等 2001),这将使我国大多数有灌溉的稻区水稻产量升高,使一些不存在灌溉条件的稻区水稻产量也提高。熊伟等(2001)同时指出气候变化使高纬地区水稻产量有增加的趋势。

1.2.2 农业干旱研究现状

受全球变暖和其他各种因素的影响,地球环境急剧恶化。例如,目前全球大约有 20 亿人口面临缺水困难,沙漠化土地占了全球 1/4 的面积,并且正以每年 600 万 hm² 的速度推进,到 2025 年,缺水将危及世界一半以上人口的粮食供应。环境问题已经对人类的生存和发展构成严重威胁。我国地处生态环境脆弱多变的东亚地区,受全球变化和社会经济高速发展的影响,环境问题尤为突出。其中最为严峻的是占国土面积 40% 的北方地区干旱化,它已成为东北商品粮基地和华北能源基地建设及实施"战略西移"方针的一个主要障碍。例如,吉林西部连年干旱导致的荒漠化,使该地商品粮减产 25% 左右;翟盘茂等(1999)研究发现,近 50 年来我国黄河流域从 1965 年起连续干旱,而且不断加剧,同时全国大部分地区雨日显著减少,这意味着降水过程可能强化,干旱与洪涝可能增多。据不完全统计,20 世纪 90 年代以来,我国北方干旱化造成的直接经济损失每年在 1 000 亿元以上。因此在未来气候变化情景下科学地评估干旱化发展的趋势(是继续加剧,还是可能缓解,甚至发生反转)及其社会经济影响,是国家战略决策的需要。

近几十年来我国干旱事件频繁发生,其给社会和经济造成的不利影响及对人类生存环境的危害日趋严重。我国北方地区继 1997 年发生了大范围的干旱后,1999—2002 年又连续 4 年少雨干旱。频繁发生的干旱对农业和社会经济产生了复杂而深远的影响。这些严重的干旱事件及其引发的不利影响引起了政府决策部门和公众的广泛关注。特别是对于一些气候脆弱区,如果干旱化趋势继续加重,不仅使可利用的水资源持续减少,而且农业生产将面临严重威胁,人类将难以生存。

不少学者对干旱化进行了大量研究,马柱国等(2001,2003)利用地表湿润指数分析了

1951—2000 年我国北方地区极端干湿事件的演变规律,指出 1991—2000 年我国东北和华北极端干旱频率显著增加,而极端湿润发生的频率相对减少。王志伟(2003)根据 1950—2000 年我国 629 个站逐月降水资料,采用 Z 指数作为旱涝划分标准计算干旱发生的范围,指出 51 年来我国北方主要农业区干旱面积呈扩大趋势,特别是华北等地干旱面积扩大迅速,形势严峻。Qian 等(2003)采用重建资料和观测资料分析了东亚世纪尺度的气候变化,认为 20 世纪以来我国东部地区干湿事件增加,区域干湿事件的变化与东亚季风强度密切相关。Qian 等(2001)利用降水量和气温资料发展的干旱指数分析了 1880—1998 年我国不同地区的干旱变化特征,指出我国东北地区自 1970 年以来干旱化趋势明显,华北地区 20 世纪 90 年代后期的干旱也十分严重。

以上学者都对我国的干旱变化特征做了非常有意义的研究,但干旱最重要的影响是对农业经济的影响。本书将利用作物模型采用农业干旱指标研究未来干旱对冬小麦产量的影响趋势。

1.2.3 大气中 CO_2 浓度升高对农作物的影响

1.2.3.1 大气中 CO_2 浓度升高的直接影响(肥效作用)

CO_2 的直接影响是指由于大气中 CO_2 浓度的增加对农作物生长、发育和产量形成产生的可能的影响。1804 年 de Saussure 首次对豌豆在高浓度 CO_2 条件下的生长状况变化进行研究,此后,众多学者对这一现象展开了深入研究。但是 20 世纪 70 年代以前人们研究的重点主要是 CO_2 的间接影响,即 CO_2 浓度上升导致的气候变化对农业的影响,有关 CO_2 的直接影响的研究相对较少,人们对其重要意义的认识还不够深刻。20 世纪 70 年代后期以来,这个问题逐渐受到人们的重视,并开展了大量的试验研究工作。在 1982 年召开的大气 CO_2 浓度增加对植物影响的国际会议上,科学家们对此问题的研究现状进行了全面评述,指出已有充分证据表明全球 CO_2 浓度增加会产生显著的生物效应,对作物光合作用、水分利用效率、生长发育和产量形成都将产生影响。

1.2.3.2 CO_2 对作物光合作用的促进作用

CO_2 是作物光合作用的主要物质来源,大气中 CO_2 浓度增加可提高叶片内部与其表面的 CO_2 浓度梯度,使得 CO_2 相对容易地进入叶片内部而提高光合速率(丁一汇等 1995)。在其他环境条件适宜的情况下,CO_2 浓度倍增可使光合速率提高 30%~100%。这种效应因作物种类而异,C_3 作物因存在光呼吸,一部分合成的碳水化合物因光呼吸而被还原成 CO_2,CO_2 浓度倍增将有助于抑制作物光合呼吸(Akita 等 1973),且目前环境中 CO_2 浓度远小于 C_3 类作物的 CO_2 饱和浓度(1 500~2 000 ppm);而 C_4 类作物在当前 CO_2 浓度下即有较高的光合速率,因此 C_4 类作物对 CO_2 浓度倍增的响应小于 C_3 类作物。所以,CO_2 浓度倍增后,C_3 类作物(小麦、水稻等)比 C_4 类作物(玉米、高粱等)的增产潜力大。但是,单纯提高 CO_2 浓度,植物的干物质积累并不呈明显增加,如果其他条件(光、水、养分等)也能得到满足,CO_2 的正效应才能得以充分体现。据研究,C_3 类作物可能增产 20%~45%,而 C_4 类作物可能增产 0~10%(内岛善兵卫 1987)。此外,在温带和亚热带,C_3 类作物还会得益于杂草侵袭的减弱,因为温带和亚热带地区危害最大的 17 种田间杂草中 14 种属于 C_4 类植物,从而导致 C_3 类作物中 C_4 类杂草的竞争力因 CO_2 浓度的上升而下降。当然,C_4 类作物中 C_3 类杂草危害将更加严重(Morison 1989)。

第 2 章　WOFOST 作物模型原理

　　WOFOST(World Food Studies)是荷兰瓦赫宁根大学开发研制的众多作物模型之一，C. T. de Wit 教授对此作出了突出贡献。相关的比较成熟的模型还有 SUCROS 模型、Arid Crop 模型、Spring Wheat 模型、MACROS 和 ORYZA1 模型等。WOFOST 起源于世界粮食研究中心(CWFS)组织的多学科综合的世界粮食潜在产量的研究项目。荷兰瓦赫宁根大学生态理论产量系(WAU-TPE)和荷兰瓦赫宁根的 DLO 中心的农业生物室(CABO-DLO，现在改为 AB-DLO)参与合作。1988 年，随着世界粮食研究中心的解散，模型的开发转由 DLO-Wind Staring Center 负责，并在 AB-DLO 和 WAU-TPE 的合作下完成。

2.1　模型简介

　　20 世纪 80 年代以来，WOFOST 模型取得了极大成功，它的各个版本及其派生模型应用在许多研究中。WOFOST 善于分析产量的年际变化、产量和土壤条件的关系、不同品种的差异、种植制度、气候变化对产量的影响、区域生产力的限制因素等。该模型已被用于产量预测和土地的定量评价等领域，比如评价区域潜在生产力水平，评价通过灌溉和施肥可获得的最大经济收益，评价作物种植的不利因素等。有的将该作物模型进行扩展，使之能够用于森林和牧草的模拟，还有的对源程序进行修改，用更详细的子程序代替原有的子程序，达到对某个方面进行更详细的模拟的目的。

　　在世界各国科学家的努力下，WOFOST 模型自面世以来获得了极大的发展，从 WOFOST 3.1 发展到 WOFOST 7.1，应用范围不断扩大，其适应性及应用研究在世界范围内进行，反馈的结果反过来又促进了模型的发展。

　　值得一提的是，WOFOST 6.0 是一个极为成功的作物生长模型，在 1989—1994 年间不断完善和发展。它是为预报产量而发展起来的模型，可用于预报欧共体各个国家和地区的作物产量。它还被作物生长监测系统(CGMS)结合，是其中一个重要的子模块。目前，WOFOST 6.0 被应用于各种目的，如教学、验证、试验等，成为一个广泛的应用平台。

　　WOFOST 系列都采用类似的子模块，用光截获和 CO_2 同化作为作物生长的驱动过程，用物候阶段控制作物的生长，仅在描述土壤水分平衡和作物氮的吸收上有些差异。WOFOST 7.1 是由 WOFOST 6.0 发展而来的，且带有图形用户界面，操作界面十分简洁，易操作。

2.2　模型的功能

　　作物生长模型在发展初期通常仅由一个经验模型来描述，一般都是一个回归方程，有时也会把环境变量，如太阳辐射、降雨量等包括在内。这些模型可以计算出较为准确的结果，尤其是当那些回归系数是建立在准确的、大量的实验数据的基础上的时候。然而,这些模型的应用仅限于与回归分析相近的区域,这些经验性、描述性的模型没有深刻理解所观测到的产量变化的原因。

WOFOST 是机理性模型,它解释了作物基本的发育过程和这些过程如何被环境条件所影响,如光合作用和呼吸作用等。机理性模型的模拟并不是每次都很准确,然而应该认识到,模型模拟过程中的每一个参数都有一定的精度,每个参数产生的误差会不断积累,可能导致最终结果产生较大的模拟误差。

WOFOST 模型基于作物基本生长的发育过程,解释了作物的生长过程,如光合作用和呼吸作用,并描述了这些过程如何受环境条件的影响。作物干物质积累的计算可以用作物特征参数和气象参数,如太阳辐射、温度、风速等的函数来表示。气象数据用逐日数据模拟效果最好,这就是为什么模拟步长为 1 d 的原因。也就是说,作物生长的模拟是以每日数据为基础的,WOFOST 关于每日作物生长的模拟计算(图 2.1)包括以下方面:

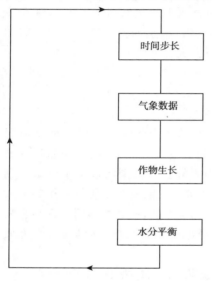

图 2.1　每日作物生长的模拟计算

(1)时间步长。在 WOFOST 内,用 Euler 积分法来对作物生长过程与时间的函数积分。因此,模型必须时时更新时间并每天计算与时间有关的变量。这些由子程序 TIMER 来计算,它大量地应用了 Euler 积分法。

(2)气象数据。WOFOST 模型使用的气象数据为:最高温度、最低温度、全球太阳辐射、风速、水汽压、蒸散量与降雨量。WOFOST 模型用 Penman 公式来计算蒸散量。

关于参数中的全球太阳辐射和降雨量,必须说明的是在联合研究中心(Joint Research Center,JRC)改进的 WOFOST 其他版本中将可选择其他方法来计算。目前,在 WOFOST 6.0 的两个版本中,当太阳辐射没有实测值时将采用埃斯屈朗方程(Ångström Formula)来计算太阳辐射。埃斯屈朗方程用日照时数作为输入项。假如日照时数也不可得,在随后联合研究中心开发的派生版本中,全球太阳辐射将采用 Supit 等(1994)或 Hargreaves(1985)提出的公式来计算。由 Supit 提出的方法是根据每日最大和最小云量来计算全球太阳辐射的,其估算准确度接近埃斯屈朗方程。Hargreaves 公式仅仅采用最高和最低气温,故其估算准确度比以上二者要低。

(3)作物生长。作物生长以日净同化量为基础,而日净同化量又以光截获为基础。光截获是入射太阳辐射和作物叶面积指数(LAI)的函数。根据作物吸收的辐射及光合能力,可以计算每日潜在同化速率。由于水分、氧分胁迫引起的蒸腾量的下降,同时降低了同化量,同化物在多个器官上进行分配。

(4)水分平衡。一个作物生长模拟模型还必须跟踪土壤水分变化以确定作物何时、在多大程度上感受到水分胁迫。这通过水量平衡公式可以计算出来。两个时间土体内的输入水量和输出水量间的差额即是土壤水分含量变化量。WOFOST 模型分三种情况:一是土壤水分含量保持在田间持水量,作物达到其潜在生产水平;二是考虑了土壤水分通过蒸散和下渗而散失的影响,作物由于可利用水的减少而减产;三是不仅考虑水分的蒸散和下渗,而且考虑地下水影响。图 2.2 说明了 WOFOST 内的这三种情况。

如前文所述,作物生长的模拟以逐日数据为基础,也就是说,模型以 1 d 为步长进行循环。WOFOST 同时还可以模拟许多生长季节,便于在不同年份中进行作物生长状况的比较。图 2.3 描述了每年的计算流程(以年为单位循环),养分对产量的影响和产量统计是以年来计算的。

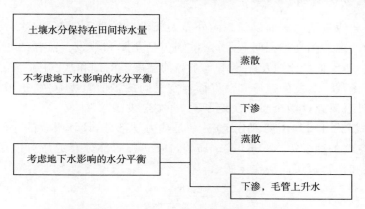

图 2.2 WOFOST 考虑的三种可能的水分平衡情况

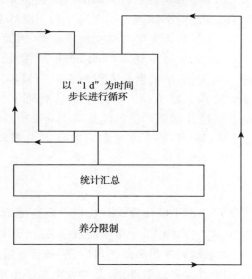

图 2.3 WOFOST 模型的每年计算流程

2.3 模型的主要结构

WOFOST 是机理性模型,它描述作物基本的生理过程,如光合作用、呼吸作用,并描述这些过程如何受环境的影响。计算过程主要是通过气候数据处理模块、作物参数处理模块、土壤参数处理模块三个模块来完成。气候参数与作物参数的计算可以得出潜在生产力,再加上土壤方面描述土壤水文特性的参数就可算出水分限制生产力。它应用的公式较多,也较复杂。本文限于篇幅,不可能对它们进行详细描述,下面只对以上三个模块进行说明。

2.3.1　气候数据处理模块

2.3.1.1　蒸散量的计算

植物体内水分通过植物表面以气态向外界大气输送的过程叫蒸腾;水分通过地面或自由水面由液态转为气态的相变过程叫蒸发;蒸散则包括蒸腾和蒸发。蒸腾的驱动因子是蒸发面与空气水汽压差,蒸发面的水汽压基本上等于当前温度下的饱和水汽压,空气水汽压是环境温度与相对湿度的函数。蒸发的速率和蒸发面与空气间的扩散阻力有关,扩散阻力的大小取决于风速。相对湿度、风速这两个参数决定了空气的"蒸发需求"。

Penman 公式(式(2.1))由两部分组成:一是热力学部分,计算吸收的净辐射;二是空气动力学部分,计算空气的蒸发需求(Penman 1948,1956)。两部分合成后可以用来计算水面、裸土面的潜在蒸发和作物冠层的潜在蒸腾。

$$ET_0 = \frac{\Delta R_{na} + \gamma EA}{\Delta + \gamma} \qquad (2.1)$$

式中 ET_0 为蒸散量(mm·d^{-1}); R_{na} 为净辐射折算成的蒸发量(mm·d^{-1}); EA 为蒸发需求量(mm·d^{-1}); Δ 为饱和水汽压曲线的斜率(kPa·℃$^{-1}$); γ 为干湿球常数(kPa·℃$^{-1}$)。

但上述方法存在一个问题,那就是蒸发面的湿度较难获得,因为常规气象观测一般不测此项。已知蒸发 1 m^2 面积上 1 mm 的水层需要 2.4 MJ 的能量,因此可以通过能量平衡来计算蒸发。蒸发所需的能量由净辐射提供,净辐射是入射的太阳短波辐射减去射出的长波辐射后的值。空气湍流所产生的能量交换忽略不计。光合作用只消耗 5%～8% 的净辐射,因此,在蒸发的能量平衡中也被忽略。呼吸作用所产生的能量对于蒸发所需的能量来说也是微不足道的,理应被忽略。为了简化计算,WOFOST 内假定蒸散只由太阳辐射和蒸发需求两个因素决定。

2.3.1.2　日长和太阳高度角

日长和太阳高度角由子程序 ASTRO 计算。日长是太阳高度角的函数。太阳高度角是入射太阳光线与地面水平面的夹角,它由纬度、一年中的日序及一天中的时辰所决定。

一天中时间的确定如下:太阳每天升起和落下,日出前和日落后太阳高度角都为零。当太阳经过赤道时,正午太阳时间 12 点太阳直射地面,此时太阳高度角用式(2.2)计算:

$$\sin \beta = \cos[15(t_h - 12)] \qquad (2.2)$$

式中 β 为太阳高度角(°); t_h 为一天中的时间(h)。

太阳高度角随时间变化,因为地球每 24 h 围绕地轴旋转一周,换算成角度是 15°/h。

2.3.2　作物参数处理模块

WOFOST 根据作物的品种、特征参数和环境条件,描述作物从出苗到开花、开花到成熟的基本生理过程。模型以 1 d 为步长,模拟作物在太阳辐射、温度、降水、作物自身特性等影响下的干物质积累。干物质生产的基础是冠层总 CO_2 同化速率,它根据冠层吸收的太阳辐射能量和作物叶面积来计算。部分同化产物——碳水化合物被用于维持呼吸作用而消耗,剩下的被转化成结构干物质,在转化过程中又有一些干物质被消耗(生长呼吸作用)。产生的干物质在根、茎、叶和贮存器官中进行分配,分配系数随发育阶段的不同而不同。叶片又按日龄分组,在作物的发育阶段中,有一些叶片由于老化而死亡。发育阶段是根据积温或日长(由用户确定)进行计算的。各器官的总重量通过对每日的同化量进行积分得到,基本过程如图 2.4 所示。

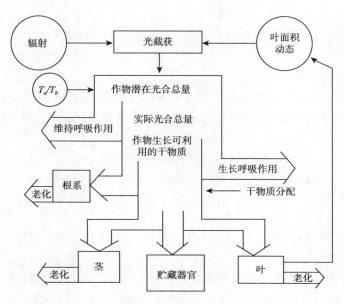

图 2.4　作物生长过程(T_a 和 T_b 分别为实际、潜在呼吸作用速率)

模型中采用的主要公式与计算方法简单介绍如下:

2.3.2.1　作物发育过程

WOFOST 是以光合作用为驱动因子的模型,作物生长的模拟从出苗开始,由子程序 CROPSI 或 CRSIM 来计算。作物出苗可以看做是播种至出苗有效积温的函数。当活动积温与出苗所需积温(TSUMEM)相等时模型即认为出苗。TSUMEM 随作物品种不同而不同,需用户自己确定。每日有效积温取决于下限温度(低于这个温度作物发育停止)和上限温度(高于这个温度作物发育速率不再加快),它们的值都取决于作物特性。

作物生长需要经过一个连续的发育阶段。每一阶段的长短取决于发育速率。开花前或开花后的发育速率可由日长或温度控制。在模型中,开花前温度和日长可对发育阶段进行控制;但是开花后,只能由温度来控制。

温度是影响发育速率的主要环境因子,高温使发育速率加快并缩短发育时间。可根据一个线性关系来确定温度对发育速率的影响。对许多作物来说,发育速率可用数学的方法来表示,如从 0 到 2,0 表示出苗,1 表示开花,2 表示成熟。发育速率也可用 1 d 所占总发育时间的比例来计算。比如,作物从出苗到开花用了 50 d,那么该作物开花前的平均发育速率就是1/50 或 0.02 d^{-1}。发育阶段也可以用温度来控制,以积温来表示,即出苗到开花或开花到成熟时的日平均温度之和,那么发育速率就可以表示为每天的积温占总积温的比例。

2.3.2.2　日同化量

日同化物的生产与分配是模型描述得最为详尽的部分,作物 CO_2 同化速率由作物截获到的光驱动,可以通过对一天内瞬时 CO_2 同化速率的积分得到。瞬时 CO_2 同化速率由子程序 ASSIM 计算,对它的积分由子程序 TOTASS 计算。两个程序都采用 Gaussian 积分法进行积分(Scheid 1968),它是一个简单而快速的数学积分法。对于计算日同化总量,这种三点式积分法表现得非常好。

为了计算整个冠层 CO_2 总的日同化速率,必须对整个时间段进行积分。对于给定的光合有效辐射,先计算一天中三个不同时间的总同化速率,然后三个时间分别乘以不同的权重,对冠层 CO_2 总的日同化速率和时间进行积分。

为了计算整个冠层 CO_2 总的瞬时同化速率,必须对冠层不同深度的瞬时同化速率进行积分。因此,要计算冠层三个深度的瞬时同化速率,之后再对三个不同深度的瞬时同化速率加权后进行积分。

一天中选取三个时间段,分别求出它们的冠层同化速率,对时间进行积分得到的冠层总同化速率,分别乘以不同的权重,再乘以日长就得到日 CO_2 总同化速率。

$$A_d = D \frac{A_{c,-1} + 1.6A_{c,0} + A_{c,1}}{3.6} \tag{2.3}$$

式中 A_d 为总同化速率($kg \cdot hm^{-2} \cdot d^{-1}$);$D$ 为日长(h);$A_{c,p}$ 为整个冠层总的瞬时同化速率,$p = -1, 0, 1$($kg \cdot hm^{-2} \cdot d^{-1}$)。

冠层瞬时同化速率的计算方法与此类似。对冠层内三个深度的瞬时同化速率加权平均后得到冠层每单位叶面积总的瞬时同化速率。瞬时同化速率的计算则是在区分阴叶和阳叶的基础上,在冠层内选定三个深度,计算其叶面积指数、吸收的辐射的量、叶 CO_2 的同化量。

2.3.2.3 叶片的生长与老化

绿色叶面积是光吸收和冠层光合作用的决定性因素。在理想状况下,光强与温度是影响叶片伸展的主要环境因子。光强决定光合速率,因此也影响分配到叶片的同化物。温度影响叶片的伸展和细胞的分裂(Acock 等 1978)。在作物发育的早期阶段,温度是最重要的环境因子。由于温度影响叶片的伸展和细胞的分裂,作物出苗时第一片叶的伸出和最后一片叶的大小都与温度有极大的关系,这时同化物的供给对叶片生长的作用居于次要位置。作物在早期的生长呈指数增长。一些未公开的田间试验数据表明指数增长阶段必须限制在叶面积指数小于 0.75 的时期。但在模型中,假定叶面积指数呈指数增长,直到受干物质供给限制的增长速率等于指数增长的速率。也就是说,受干物质供给限制的增长速率不能超过指数增长的速率。

在作物发育的早期阶段,即叶面积指数呈指数增长的阶段,其在单位时间步长的增长可依式(2.4)计算:

$$L_{Exp,t} = LAI_t RL T_e \tag{2.4}$$

式中 $L_{Exp,t}$ 为在指数增长阶段 t 时间的叶面积指数的增长速率;LAI_t 为 t 时间的叶面积指数;RL 为叶面积指数的最大相对增长速率;T_e 为日有效温度。

叶片老化的计算过程较为复杂。老化是指叶片丧失了完成基本生理生态过程的能力且损失了其生物量的过程。老化的基本过程包括生理老化与蛋白质的分解。目前很难对这些过程进行定量的描述。WOFOST 在叶片完成其生命过程后就设定其老化死亡。水分胁迫和相互遮阴可能加快叶片老化死亡的速率,因此模型把叶片的老化分为生理老化、受水分胁迫导致的老化和相互遮阴引起的老化。下面以受水分胁迫导致的老化为例,说明计算过程。

由于水分胁迫引起叶片死亡的潜在死亡速率可以依式(2.5)计算:

$$\Delta W_d = W_{lv}\left(1 - \frac{T_a}{T_p}\right)\vartheta_{\max,lv} \tag{2.5}$$

式中 ΔW_d 为由于水分胁迫引起叶片死亡的潜在死亡速率(kg·hm^{-2}·d^{-1}); $\vartheta_{\max,lv}$ 为由于水分胁迫引起的最大死亡速率(kg·hm^{-2}·d^{-1}); W_{lv} 为叶片的总干物质重(kg·hm^{-2}); T_a 为实际蒸腾速率(cm·d^{-1}); T_p 为潜在蒸腾速率(cm·d^{-1})。

已经死亡的叶片的重量要从最老的叶片组中减去,即使只有一个叶片组,它的值也应该是正数。如果有多个叶片组的话,最老的那个组可能会被完全清空,如果还不够的话那就还要从下一个组中减去。这样持续清空最老的叶片组,直到减完为止,这时剩余的叶片重量仍然是个正数。这一阶段结束后,所有叶片组均向前移动一个时间步长。

2.3.3　土壤参数处理模块

作物生长是通过叶片气孔开启,空气中的 CO_2 进入气孔实现光合作用而完成的。在这个过程中,植物散失了吸收的大部分水分。其日积累量可以变得很大:在一个完全晴天,作物表面可以蒸腾 0.4 cm 水分,也就是说要从作物根区丧失 4 万 kg·hm^{-2}·d^{-1} 的水分。假如作物失去的水分得不到补充,作物就会逐渐失水,并最终枯萎。

存在水分胁迫时,土壤的保水力与作物的吸水能力是相等的,这种土壤的水的保持能力又称土水势,是可以测量的。作物吸水存在一个最适宜的范围,在这个范围内作物可以自由吸水,低于或超过这个范围就会出现水分胁迫。作物通过控制叶片气孔开启与关闭来适应这个胁迫,从而影响了光合作用,也就影响了产量。WOFOST 通过水分平衡方程来计算土水势,并据此计算出何时、在多大程度上作物出现水分胁迫。WOFOST 在水分平衡的计算上有两种,一种是考虑地下水的影响,另一种是不考虑地下水的影响,二者在计算公式上稍有不同。在考虑土壤的下渗性、饱和导水率、pF 曲线等多个参数后,模型可以计算出作物的实际蒸散。

下面介绍 WOFOST 的土壤水分平衡方程,其作用是估算每日实际土壤水分含量,它将影响水分的吸收和植物的蒸腾。

实际土壤水分含量可依式(2.6)计算:

$$\theta_t = \frac{IN_{\mathrm{up}} + (IN_{\mathrm{low}} - T_a)}{RD}\Delta t \tag{2.6}$$

其中

$$IN_{\mathrm{up}} = P + I_e - E_s + SS_t/\Delta t - SR$$

$$IN_{\mathrm{low}} = CR - P_{\mathrm{erc}}$$

式中 θ_t 为 t 时间实际土壤水分含量(cm^3·cm^{-3}); IN_{up} 为通过根区上边界进入土壤的水分(cm·d^{-1}); IN_{low} 为通过根区下边界进入土壤的水分(cm·d^{-1}); T_a 为作物的实际蒸腾速率(cm·d^{-1}); RD 为实际根长(cm); P 为降水强度(cm·d^{-1}); I_e 为有效日灌溉量(cm·d^{-1}); E_s 为土壤蒸发速率(cm·d^{-1}); SS_t 为土表贮存的水(cm); SR 为地表径流丧失的水(cm·d^{-1}); CR 为毛管上升水(cm·d^{-1}); P_{erc} 为下渗水(cm·d^{-1}); Δt 为时间步长(d)。

土壤水分平衡各因子的关系见图 2.5。

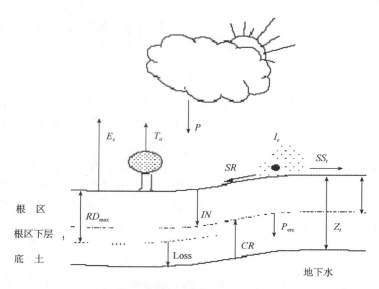

图 2.5   土壤水分平衡各组分的图解表示

2.3.4   模型参数

WOFOST 是评价区域生产力的模型,主要用于宏观的、大范围的模拟,这就导致了它在参数的选取和使用方面没有考虑得太细,对一些公式、常数的选取比较概略。它使用的参数分为三大类:作物、土壤、气候。另外,还有一些模拟中必须由使用者确定的选项,比如有无地下水影响及地下水的深度等。详细参数介绍如下:

2.3.4.1   气象数据

模型所需的逐日气象数据包括:日太阳辐射量($kJ \cdot m^{-2}$),最高、最低温度(℃),水汽压(kPa)(8:00),2 m 平均风速($m \cdot s^{-1}$),降雨量($mm \cdot d^{-1}$)。

如果风速不是模型所要求的 2 m 高度上测量的,模型中引入了对数风速廓线来计算 2 m 高度上的风速。如果风速在高 H 处测定,则方程为:

$$U_{200} = U_H \cdot \ln(200/Z_0)/\ln(H/Z_0)$$

式中 Z_0 为表面的粗糙度长度,由于大部分气象观测是在低矮的绿色草地上进行的,因此 Z_0 可能接近 2 cm。这样,方程可以简化为:

$$U_{200} = 4.61 \cdot U_H/\ln(H/2)$$

由此得到 2 m 高度上每天的平均风速。

2.3.4.2   作物数据

作物数据是比较难获取的数据。它主要包括:叶片最大 CO_2 同化速率,蒸散量的校正参数,同化产物的转化效率,发育期最长日长和临界最短日长,积温日增量,收获期,单叶片同化 CO_2 中光能的利用效率,干物质积累在各分配各器官中的比例,可见光的消散系数,初始叶面积指数,由水分胁迫引起的叶片最大死亡速率,温度改变 10 ℃时呼吸作用的变化率,初始的根深,成熟作物的根深度,根、茎死亡率,叶面积指数的最大日增量,各器官的维持呼吸作用速率,根长的最大日增量,各阶段的叶面积,在 35 ℃时叶片的生命期,叶片老化时的临界最低温度,出苗时的临界最低温度,初始干物质重,出苗时最高有效温度,由低温引起的同化速率的减少率,播种至出苗的积温,出苗至开花期的积温,开花至成熟期的积温。另外还有模型中考虑但本次验证不考虑的参数,如茎与穗的面积,植物器官内氮的最高、最低浓度等。

作物数据的获取主要是对观测数据进行计算而得到的,如分配系数等,其中有些参数是根据冬小麦的生物特性而确定的,如临界最低温度等。

2.3.4.3　土壤数据

土壤数据主要包括临界土壤空气含量,水分由表层向底土下渗的最大速率,饱和水状态下的土壤水分传导率,田间持水量,土壤水保持力,枯萎点的土壤水分含量,土壤饱和水分含量,根部的土壤水分最大下渗速率,以及土壤的氮、磷、钾含量等。

第3章　气候变化对冬小麦的影响

　　传统的作物模型验证是在单点尺度,用田间试验的方法得到模型在某一地区应用所需要的作物参数和土壤参数。但是本书的目的是在我国冬小麦产区 12 个省份研究气候变化对冬小麦的影响,空间尺度范围大,选择的代表站点之间,冬小麦品种、管理措施及土壤特性差别很大,仅将一个试验站点的观测数据应用到 12 个省份冬小麦产区显然是不合理的。但是如果每个试验站点的参数都通过观测试验获取,既费时费力,也不具有可操作性。因此,本研究在中国科学院地理科学与资源研究所山东禹城试验(邬定荣等 2003)的基础上,利用中国气象局提供的农业气象站点资料对作物模型进行调试和验证,使作物模型在区域尺度上的应用成为可能。

3.1　作物模型 WOFOST 参数改进方法

　　本书以山东省为例,研究 WOFOST 作物模型参数改进方法。

　　山东省是我国北方最重要的冬小麦生产基地之一,2002 年全省种植面积约为 0.15 亿 hm²,其中有约 0.03 亿 hm² 用于种植冬小麦。山东省位于我国东部沿海,属于温带半湿润气候,受东亚季风的影响,年平均气温为 11.2~14.4 ℃,夏季炎热(24~28 ℃)多雨,冬季寒冷(−5~1 ℃)干燥,年降水量在 550~950 mm 之间。冬季,受东亚冬季风的影响,强寒潮经常影响冬小麦的生长;春季,经常发生沙尘暴和大范围的干旱;到了 5—6 月份,冬小麦处于开花、成熟期,又经常受到冰雹、大风及干热风的影响。由于 20 世纪 50—60 年代修建了很多水库,使山东省的可耕种面积有 65% 能够灌溉,所以春季发生的干旱一般情况下对冬小麦影响不大。

　　根据气候特点、土地利用状况及目前的耕作措施,将山东麦区分为 8 个生态区,在每个生态区选取农业气象站点,要求气象数据和农业数据尽量齐全。这些站点分布及信息见图 3.1 和表 3.1。

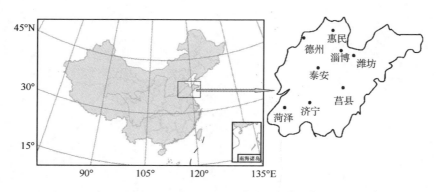

图 3.1　山东省冬小麦产区选择的农业气象站点分布图

表 3.1　山东省冬小麦产区选取的农业气象站点信息

站点	经度(°)	纬度(°)	海拔高度(m)	年平均气温(℃)	年降水量(mm)
德州	116.19	37.52	22.7	13.2	656.5
惠民	117.32	37.30	11.3	12.5	568.5
泰安	117.09	36.10	128.8	12.8	681.3
淄博	118.00	36.50	34.0	13.2	615.0
潍坊	119.05	36.42	44.1	12.5	588.3
菏泽	115.26	35.15	49.6	13.7	624.7
济宁	116.35	35.26	40.7	13.6	660.1
莒县	118.50	35.35	108.6	12.2	754.5

3.1.1　作物模型输入数据

WOFOST 作物模型需要输入的数据见表 3.2,模型调试用 2001 年的数据,而 1997—2000 年和 2002—2003 年的数据用于模型验证。

作物模型输入的气象数据包括逐日最高气温、最低气温、降水量、水汽压、2 m 风速以及太阳辐射。这些气象数据由中国气象局资料室提供。对于烟台和济宁站点,由于农业气象站点和气象站点不一致,因此他们的气象资料由附近气象站代替。所有气象资料都经过了严格的质量控制,缺失的气象资料由附近地面气象站提供。

作物模型的冬小麦遗传参数影响着冬小麦的生长发育速度和产量,遗传参数见表 3.2,这些遗传参数是在山东禹城试验站实验数据基础上调试的,直接利用实验数据的参数由 * 标记,剩下的遗传参数经过调试,使模拟的开花期、成熟期以及产量与观测数据接近。观测的冬小麦开花期、成熟期和产量也由中国气象局资料室提供。

模型所需要的土壤数据包括土壤物理特性和化学特性,这些数据来源于 1995 年第二次土壤普查数据(中国土种志 1995)。

表 3.2　WOFOST 作物模型需要输入的数据

1. 气候要素
   日最低气温(℃)
   日最高气温(℃)
   日降水量(mm)
   日辐射量(MJ・m^{-2}・d^{-1})或日照时数(h)
   早晨水汽压(kPa)
   地面 2 m 风速(m・s^{-1})
2. 土壤参数
   土壤保水性(cm^3・cm^{-3})
   土壤导水性(cm・d^{-1})
   土壤可耕种厚度(m)
   土壤可排水厚度(m)
   土壤磷含量(P,kg・hm^{-2})

土壤氮含量(N,kg·hm^{-2})

土壤钾含量(K,kg·hm^{-2})

3. 作物遗传参数

出苗最低温度(℃)

出苗最高有效温度(℃)

播种到出苗的积温(℃·d)

出苗到开花的积温(℃·d)

开花到成熟的积温(℃·d)

最大 CO_2 同化速率(kg·hm^{-2}·d^{-1})

单叶片光能利用率 *

干物质转化成叶片的效率(kg·kg^{-1}) *

干物质转化成储存器官的效率(kg·kg^{-1}) *

干物质转化成根的效率(kg·kg^{-1}) *

干物质转化成茎的效率(kg·kg^{-1}) *

叶的维持呼吸作用速率(kg CH_2O·kg^{-1}·d^{-1}) *

储存器官的维持呼吸作用速率(kg CH_2O·kg^{-1}·d^{-1}) *

根的维持呼吸作用速率(kg CH_2O·kg^{-1}·d^{-1}) *

茎的维持呼吸作用速率(kg CH_2O·kg^{-1}·d^{-1}) *

水分胁迫引起的叶片死亡速率 *

3.1.2　作物模型参数改进方法

　　用于作物模型调试的数据包括天气数据、作物遗传参数和土壤参数,其中作物遗传参数在不同站点不同冬小麦品种之间是不同的,这些遗传参数不可能都通过试验的手段得到。但是可以通过在一定范围内调试,使作物模型模拟的开花期、成熟期和产量与观测值一致,依此确定不同站点间的遗传参数。在模型的调试过程中,同时考虑冬小麦的开花期、成熟期和产量。本研究作物模型调试的年份是 2000 年或 2001 年,作物模型模拟的开花期、成熟期和产量与观测值进行对比,只有对比结果同时达到最好状态,参数才被认为是合理的并被确定下来,然后利用这些确定下来的参数,对其他年份进行验证。

　　WOFOST 作物模型对惠民站点 2000 年和其他站点 2001 年的数据进行调试,之所以选择 2000 和 2001 年主要是考虑到这些年份受气象灾害影响较小,并且观测的作物数据比较齐全。当开花期、成熟期和产量的模拟值和观测值之间的误差同时达到最小时,说明这些参数是合理的。模拟结果见图 3.2(见附彩图 3.2),结果显示模型的模拟结果和观测值之间有较好的一致性。

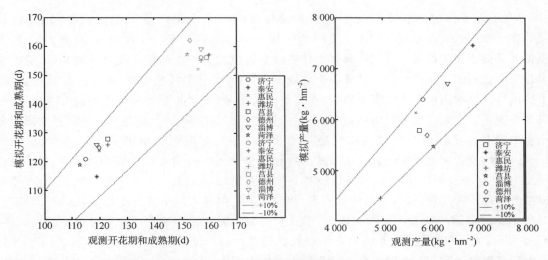

图 3.2　WOFOST 作物模型模拟的山东省 8 个农业气象站点冬小麦开花期、成熟期和产量与观测值对比

3.1.3　作物模型的验证

作物模型对惠民站点的验证年份为 1997—1999 年和 2001—2003 年,其他 7 个站点验证年份为 1997—2000 年和 2002—2003 年。作物模型模拟的冬小麦开花期、成熟期和产量与观测值进行对比,为了便于比较分析,本文计算了作物模型模拟的生育期和产量与观测值之间的相关系数(R)、系统误差($BIAS$)、相对系统误差(Relative $BIAS$)、均方差(MSE)和相对均方差(Relative MSE)(见表 3.3)。

对于冬小麦开花期,模拟值比观测值平均延迟 1.6 d。对于成熟期,虽然相关系数较低,但是系统误差仅提前 0.7 d,这说明冬小麦成熟期无论在空间上还是在时间上是很难模拟的。作物模型模拟的产量与观测值有很好的一致性,系统误差仅为 129 kg·hm^{-2}(见表 3.3)。

表 3.3　WOFOST 作物模型模拟的冬小麦开花期、成熟期、产量与观测值对比分析

	R	N(样本数)	$BIAS$	Relative $BIAS$(%)	MSE	Relative MSE(%)
开花期	0.77	43	1.6 d	1.0	3.4 d	3.0
成熟期	0.39	43	−0.7 d	−0.4	3.9 d	3.0
产　量	0.59	21	129 kg·hm^{-2}	4.0	611.9 kg·hm^{-2}	11.0

由图 3.3(见附彩图 3.3)可知,2002 年在菏泽、惠民、莒县、潍坊、淄博站点模拟的冬小麦开花期比观测值偏高,并且在莒县和潍坊站点偏高较多,例如在潍坊站点,模拟的开花期比观测值偏长了 16 d;在莒县站点,模拟的开花期比观测值偏长了 12 d。研究发现,在我国北方地区,2002 年的 4 月 20 日到 5 月 20 日平均气温比常年同期偏低 1~4 ℃,并出现了 10~18 d 的连阴雨天气,空气相对湿度偏高、日照时数偏少。这说明当出现这种长时间阴雨天气时,WO-FOST 作物模型模拟的冬小麦开花期一般会比实际观测值偏长。

对于大多数站点,模拟的冬小麦成熟期与观测值误差在 ±10% 之间,并且菏泽和淄博站点模拟效果最好,模拟值和观测值比较一致。2002 年的成熟期模拟值也比观测值偏低,主要原因是 2002 年模拟的开花期偏晚,导致模拟的成熟期延迟。当出现低温阴雨天气时,作物模型模拟的冬小麦开花期和成熟期不是很理想。

WOFOST 作物模型模拟的冬小麦产量与观测的冬小麦产量误差在±15％之间（见图 3.3），2000—2003 年模拟的冬小麦产量有 16 个样本模拟产量高于观测值，而有 13 个样本模拟产量低于观测产量。这说明整体上作物模型模拟的冬小麦产量比观测值偏高，可能的原因是实际观测的冬小麦产量生长在各个农业气象站，经常受到气象灾害（暴雨洪涝、大风冰雹、干热风等）、植物病虫害等灾害的影响，而这些因素在 WOFOST 作物模型中是没有考虑的，会对冬小麦实际产量产生不利影响，使冬小麦产量降低。例如，我国北方地区干热风经常影响冬小麦的产量。干热风是指日最高气温高于 30 ℃，空气相对湿度小于 30％，平均风速大于 2 m·s^{-1} 的农业灾害性天气。在山东地区每年 5—6 月份冬小麦处于开花和成熟期，干热风经常发生，使冬小麦平均减产 7.1％（金善宝 1996），例如，泰安、潍坊、莒县和德州站点 2000 年的模拟产量高于实际观测值，可能的原因是 2000 年山东中部出现了几天干热风，这种气象灾害对冬小麦的实际产量会产生不利影响，而这种气象灾害在作物模型中没有考虑。而且，每年5—6 月份，大风和冰雹天气也会对冬小麦的生长发育和产量形成产生不利影响，2003 年 6月份山东东部地区有 253.3 hm² 冬小麦受到大风冰雹的影响，这也再一次解释了为什么 2003 年的潍坊和莒县站点作物模型模拟的冬小麦产量高于实际观测值。另外，冬小麦病虫害使冬小麦平均减产 10％～20％，而作物模型也没有考虑这种病虫害的影响（金善宝 1996）。

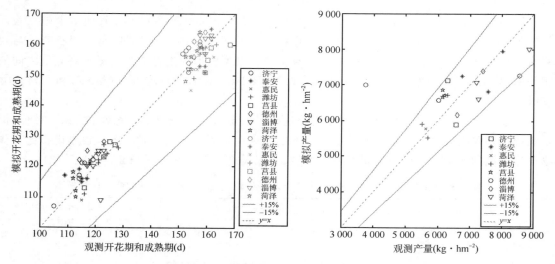

图 3.3　WOFOST 作物模型验证过程中模拟的山东省 8 个农业气象站点冬小麦开花期、成熟期和产量与观测值对比

2000—2003 年观测的冬小麦平均产量为 6 045 kg·hm^{-2}，然而 WOFOST 作物模型模拟的平均产量为 6 807 kg·hm^{-2}，这说明总体上作物模型模拟的冬小麦产量高于观测产量。如图 3.4 所示，德州站点 2000 作物模型模拟的冬小麦产量远远高于实际产量，2000 和 2002 年作物模型模拟的冬小麦产量比观测值分别偏高 3 250 和 530 kg·hm^{-2}。当不考虑德州站点模拟的 2000 年冬小麦产量时，冬小麦的模拟产量和实际观测值之间的相关系数由 0.59 提高到 0.79。这说明，总体上作物模型模拟的冬小麦产量和实际产量之间比较一致，模拟产量基本上反映了实际冬小麦观测产量的变化，但会有个别年份由于冬小麦实际产量受到气象灾害和非气象灾害的影响，而作物模型无法考虑这些因素的影响，因而差别较大。

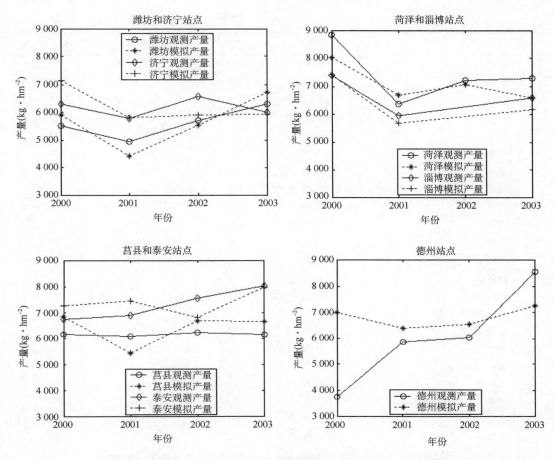

图 3.4　德州、菏泽、潍坊、莒县、济宁、泰安、淄博站点的冬小麦模拟产量和实际产量对比

3.1.4　WOFOST 作物模型在 12 省(市)冬麦区的应用

我国冬小麦主要分布在河北、山东、山西、陕西、河南、江苏、安徽、湖北、重庆、贵州、四川、云南共 12 个省(市),在每个省(市)选择代表站点,共选择 50 个代表站点(见表 3.4),其中包括山东省的 8 个站点。

表 3.4　我国 12 个省(市)冬小麦产区选取的 50 个农业气象站点信息

站点	站号	省(市)	经度(°)	纬度(°)	海拔高度(m)
德州	54714	山东	116.19	37.52	22.7
惠民	54725	山东	117.32	37.30	11.3
泰安	54827	山东	117.09	36.10	128.8
淄博	54830	山东	118.00	36.50	34.0
潍坊	54843	山东	119.05	36.42	44.1
菏泽	54906	山东	115.26	35.15	49.6
济宁	54915	山东	116.35	35.26	40.7
莒县	54936	山东	118.50	35.35	108.6

续表

站点	站号	省(市)	经度(°)	纬度(°)	海拔高度(m)
北京	54502	北京	115.58	39.29	36.0
唐山	54534	河北	118.09	39.40	27.8
石家庄	53696	河北	115.00	38.31	55.0
南宫	54705	河北	115.23	37.22	27.4
河间	54614	河北	116.05	38.27	12.1
汾阳	53769	山西	111.47	37.15	747.6
运城	53959	山西	111.01	35.02	376.0
长治	53882	山西	113.04	36.03	991.8
旬邑	53938	陕西	108.18	35.10	1 277.0
韩城	53955	陕西	110.27	35.28	458.1
商州	57143	陕西	109.58	33.52	742.2
城固	57128	陕西	107.20	33.10	486.4
汤阴	53991	河南	114.21	35.56	74.3
汝州	57075	河南	112.50	34.11	212.9
杞县	57096	河南	114.47	34.32	59.7
信阳	57297	河南	114.05	32.07	77.7
徐州	58028	江苏	117.17	34.16	34.3
滨海	58049	江苏	119.49	34.02	3.3
大丰	58158	江苏	120.29	33.12	3.1
如皋	58255	江苏	120.34	32.23	5.0
宜兴	58346	江苏	119.49	31.21	25.7
亳州	58102	安徽	115.46	33.52	37.7
宿县	58122	安徽	116.59	33.38	25.9
寿县	58215	安徽	116.47	32.33	22.7
合肥	58321	安徽	117.14	31.52	27.9
滁州	58236	安徽	118.18	32.18	25.3
郧西	57251	湖北	110.25	33.00	249.1
房县	57259	湖北	110.46	32.02	426.9
钟祥	57378	湖北	112.34	31.10	65.8
荆州	57476	湖北	112.05	30.21	34.2
都江堰	56188	四川	103.40	30.59	706.7
绵阳	56196	四川	104.41	31.28	470.8
巴中	57313	四川	106.46	31.51	358.9
南充	57411	四川	106.06	30.47	309.7
万州	57432	重庆	108.24	30.46	186.7
江津	57517	重庆	106.15	29.17	209.7
正安	57625	贵州	107.27	28.33	679.7
惠水	57912	贵州	106.40	26.10	988.2
丽江	56651	云南	100.13	26.52	2 393.2
保山	56748	云南	99.10	25.07	1 653.5
玉溪	56875	云南	102.33	24.21	1 636.7

　　WOFOST 作物模型在每个站点的调试方法与本书 3.1.2 节介绍的方法相同。因为大多数农业气象站点间冬小麦作物品种不同,因此本文利用山东禹城试验站试验数据,对 50 个农业气象站点冬小麦遗传参数逐一进行调试,调试年份选择自然灾害发生较少,冬小麦产量较高的年份。经分析,50 个站点中有 28 个站点选择对 2000 年进行调试,22 个站点选择对 2001 年进行调试。模型调试过程中的土壤数据来源于 1995 年土壤普查结果。本文主要调试模型中的作物参数,经过调试后,当模拟的冬小麦开花期和成熟期与观测值误差在 ±10% 之间,而模拟产量和实际产量误差在 ±15% 之间时,说明参数调试是合理的,这些参数将用于下面的模型验证和以后研究工作。相反,当模拟值和实际值的误差超过 ±10% 或 ±15% 时,认为模型参数是不合理的,需要重新调试,调试结果见图 3.5。

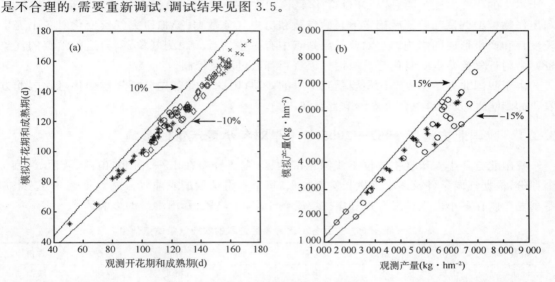

图 3.5　我国冬小麦产区 50 个站点 WOFOST 作物模型调试后模拟的冬小麦生长期和产量与观测值对比
((a)"○"和"×"分别代表北方麦区开花期和成熟期,"＊"和"◇"分别代表南方地区开花期和
成熟期;(b)"○"和"＊"分别代表北方和南方麦区冬小麦产量)

　　然后本文利用调试好的作物参数,对 50 个站点中的 28 个站点 1998—1999 和 2001—2003 年及其余 22 个站点 1998—2000 和 2002—2003 年的数据进行验证。为了便于模拟值和观测值进行比较,本文计算了 50 个站点中模拟值与观测值之间的相关系数(R)、系统误差($BIAS$)、相对系统误差(Relative $BIAS$)、均方差(MSE)和相对均方差(Relative MSE)(见表 3.5)。表 3.5 显示,作物模型模拟的开花期和成熟期分别比观测值提前 0.8 和 1.2 d,但系统误差较小。模拟的冬小麦产量与观测值比较一致,仅有 5.6% 的误差。验证结果说明 WOFOST 作物模型在我国麦区适用性较好,模拟的冬小麦生长期和产量是合理的。

表 3.5　**WOFOST 作物模型验证过程中模拟值与观测值对比分析**

	R	N(样本数)	$BIAS$	Relative $BIAS$(%)	MSE	Relative MSE(%)
开花期	0.95	229	−0.8 d	−0.4	4.8 d	4.9
成熟期	0.94	227	−1.2 d	−0.8	4.4 d	3.1
产量	0.89	112	174.9 kg·hm⁻²	5.6	548.9 kg·hm⁻²	12.2

3.2　1952—2005 年气候变化对我国冬小麦的影响

本文用于研究的气候资料来自中国气象局地面站资料,包括 1952—2005 年逐日最高气温、日最低气温、日降水量、08 时水汽压、2 m 风速及日照时数。土壤资料包括土壤的物理特征和化学性质,土壤的物理特征包括土壤持水量、土壤导水性和土壤导气性;土壤的化学性质包括土壤氮含量、土壤钾含量、土壤磷含量及土壤氮、磷、钾转化率。土壤资料来自于中国 1995 年土壤普查资料。

本文的研究方法主要是 WOFOST 作物模型在各个农业气象站点调试和验证的基础上,利用作物模型调试和验证后确定下来的参数和历史气象数据,模拟研究气候变化对冬小麦生长发育和产量形成的影响。在农业气象站点中有一些站点无观测气象资料,这些站点的气象资料由附近气象站点资料代替。所用气象资料都经过质量控制。

由于我国北方冬小麦产区主要受到干旱的威胁,因此本文首先分析气候变化对我国北方农业的影响,以及干旱对冬小麦影响特点和趋势。

3.2.1　我国北方地区 1952—2005 年干旱对冬小麦产量的影响

我国北方冬小麦产区主要位于我国东部地区,主要分布在山东、河北、山西、陕西、河南 5 个省份,根据气候条件及冬小麦生长发育特点,每个省份选取的农业气象站点见表 3.6。北方冬小麦产区在冬小麦生长发育过程中主要受到干旱、干热风、暴雨洪涝的影响。

表 3.6　我国北方主要冬小麦种植区选取的农业气象站点信息

站点	省份	站点	省份	站点	省份	站点	省份
德州	山东	济宁	山东	河间	河北	商州	陕西
惠民	山东	莒县	山东	汾阳	山西	城固	陕西
泰安	山东	北京	北京	运城	山西	汤阴	河南
淄博	山东	唐山	河北	长治	山西	汝州	河南
潍坊	山东	石家庄	河北	旬邑	陕西	杞县	河南
菏泽	山东	南宫	河北	韩城	陕西	信阳	河南

3.2.1.1　北方冬小麦产区气候背景分析

我国北方冬小麦大部产区一般冬小麦播种期在上年的 10 月份,收获期在当年的 6 月份。因此,本文计算的平均气温、降水和日照时数为冬小麦生长发育期间即上年 10 月至当年 6 月的平均气温、降水总量和日照时数。

3.2.1.2　北方冬小麦生育期内平均气温变化

我国北方华北、黄淮及西北地区东部适合种植冬小麦,气温影响着冬小麦的生长速度及发育进程。但是 1952—2005 年我国气温发生了明显变化(图 3.6),主要表现为年际间出现了明显波动,总的趋势与全国气温变化趋势一致。20 世纪 50 年代冬小麦生长发育期间平均气温为 10.6 ℃;60,70 和 80 年代为 10.4 ℃;90 年代达到 11.0 ℃。可见,20 世纪 60 年代气温较低,90 年代气温最高,而且 2001—2005 年冬小麦生育期内平均气温达到了 11.5 ℃,说明 90 年代到目前,气温在持续升高,总体上,1952—2005 年冬小麦生育期内气温的升温幅度为

$0.16\ ℃\cdot(10\ a)^{-1}$。气温变化的另一个特点是年际变化较大,1952—2005 年中气温偏低较为明显的年份为 1957,1968,1969 和 1970 年;气温明显偏高的年份为 1997—2003 和 2004—2005 年。

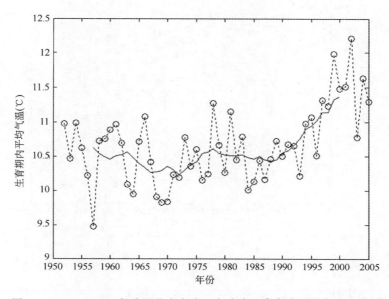

图 3.6　1952—2005 年我国北方冬麦区冬小麦生育期内平均气温变化图

3.2.1.3　北方冬小麦生育期内降水量变化

在我国北方地区干旱经常发生,威胁着我国北方地区粮食产量。北方冬小麦的产量变化常常取决于降水量的多少。1952—2005 年我国北方冬麦区冬小麦生育期内降水量整体上呈下降趋势(图 3.7(a)),20 世纪 50 年代生育期内降水量为 503.4 mm,60,70 和 80 年代分别为 463.7,453.9 和 421.4 mm,90 年代降水量最少,为 418.3 mm,比 50 年代减少 16.9%,2001—2005 年减少到 401.7 mm。降水量的减少直接威胁着冬小麦产量。其中,冬小麦生育期内降水量较少的年份包括 1968,1992,1997,1999 和 2002 年;生育期内降水量较多的年份为 1956,1957,1964 和 1990 年。由于我国北方地区春季干旱对农作物产量影响很大,因此研究春季降水量变化趋势非常重要,我国北方冬麦区春季降水量 20 世纪 60 年代最多,90 年代最少(图 3.7(b))。但总体上,从图 3.7 可以看出,我国北方麦区冬小麦生育期内降水量呈明显减少趋势,但春季降水量减少趋势不明显。

3.2.1.4　北方冬小麦生育期内日照时数变化

日照时数影响着冬小麦光合作用,如果发生连续阴雨天气,日照时数少,冬小麦光合作用就会较差,长势会较弱;如果日照充足,冬小麦光合作用强,冬小麦长势就好。由图 3.8 可见,在 20 世纪 80 和 90 年代,冬小麦生育期内日照时数呈明显下降趋势。如 20 世纪 50 年代冬小麦生育期内日照时数为 2 020.8 h,60 年代略上升至 2 100.8 h,70 年代开始下降为 2 043.8 h,80 年代下降到最低的 1 929.7 h,90 年代为 1 946.1 h,2001—2005 年更减少至 1 700.6 h。Qian 等(2006)研究发现,1955—2000 年间我国总云量和低云量每 10 年分别减少 0.88% 和 0.33%,同时太阳辐射每 10 年减少 $3.1\ W\cdot m^{-2}$,并推断这是由于大气污染物增强吸收或反射了太阳辐射。本文日照时数呈减少趋势与他们的研究结果是一致的。

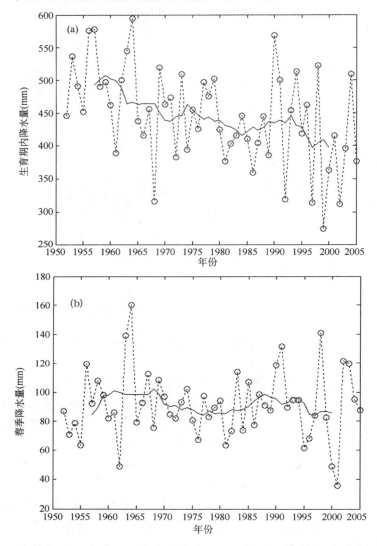

图 3.7 1952—2005 年我国北方冬麦区冬小麦(a)生育期内和(b)春季降水量变化图

3.2.1.5 气候变化对我国北方冬小麦生长发育的影响

　　冬小麦生育期的早晚及发育快慢主要取决于气温的高低和日照时数的多少。一般情况下,气温偏高,日照充足,则冬小麦生长发育速度快。图 3.9(a)为 WOFOST 作物模型模拟的 1952—2005 年我国北方地区冬小麦开花期和成熟期变化图,图中冬小麦开花期近 50 多年来呈明显的下降趋势,如 20 世纪 50 年代我国北方冬小麦开花期平均为 125.6 d,60 年代冬小麦开花期略有上升,为 126.3 d;70 年代略有下降,为 125.0 d;80 年代比 70 年代又略有上升,为 125.6 d;90 年代下降幅度最大,仅为 122.9 d;2001—2005 年则减少到 115.8 d。说明在目前气候变化背景下我国北方冬小麦开花期有明显提前的趋势。冬小麦开花期变化的另一个特征是开花期年际间振荡明显。开花期高值出现在 1957,1964,1969,1976,1980,1984,1988 和

1996 年;开花期低值出现在 1958—1961,1966,1973,1977,1981 和 1999—2004 年。经计算发现我国北方冬小麦开花期与冬小麦生育期内平均气温相关系数最大,达到−0.73,说明冬小麦开花期早晚主要受到气温高低的影响,气温高,开花期日序小,开花期提前,反之开花期就会延迟。

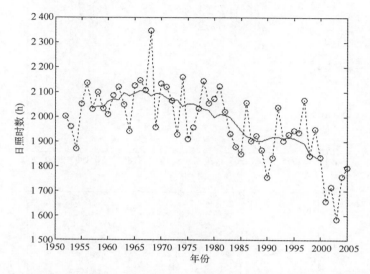

图 3.8　1952—2005 年我国北方冬麦区冬小麦生育期内日照时数变化图

　　图 3.9(b)是模拟的冬小麦成熟期变化曲线,显示我国北方冬小麦成熟期呈明显的下降趋势。20 世纪 50 年代我国北方冬小麦成熟期平均为 165.1 d;60 年代比 50 年代略有后延,为 166.2 d;70 年代为 165.7 d;80 年代为 165.7 d;90 年代提前为 163.2 d;而 2001—2005 年平均值为 156.4 d,比 90 年代提前了 6.8 d。冬小麦成熟期变化趋势与开花期变化趋势基本一致,且年际间波动明显,冬小麦成熟期峰值和谷值变化与开花期变化也基本一致。冬小麦成熟期大的峰值出现在 1957,1964,1970,1976,1980,1984,1988,1991 和 1996 年;谷值出现在 1953,1961,1966,1973,1978,1981 和 1999—2004 年。而且北方地区冬小麦成熟期与生育期内平均气温的相关系数高达−0.80,说明我国北方地区冬小麦成熟期主要受到生育期内平均气温的影响,平均气温高,成熟期日序较小,成熟期提前;平均气温低,成熟期日序较大,成熟期延迟。

3.2.1.6　干旱对我国北方冬小麦产量的影响

　　1980 年以后,由于氮、磷、钾肥料的大量使用,作物品种的改良,以及耕作技术的提高,我国农业发生了结构性的变革,农作物产量比 1995 年翻了 1 倍(国家统计局 2003)。但统计年鉴记录的农业产量资料很难反映气候变化对农业的影响,为了研究近 50 年来气候变化对农业产量的影响,利用作物模型模拟是一种比较科学、客观的方法。

　　图 3.10 为利用 WOFOST 作物模型模拟的 1952—2005 年我国北方麦区冬小麦光温潜在产量和雨养产量随时间变化图。冬小麦光温潜在产量是指冬小麦产量只受到气温、日照及风速等除降水以外其他气候因子的影响;冬小麦雨养产量是指冬小麦产量既受到气温、日照等气候因子的影响,同时也受到降水的影响。冬小麦光温潜在产量和雨养产量的差值反映了干旱对冬小麦产量的影响,本文把这种差值作为农业干旱的指标将在下文中进行讨论。

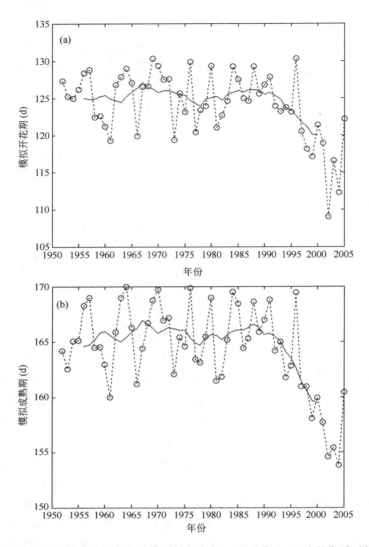

图 3.9　1952—2005 年我国北方麦区模拟的冬小麦(a)开花期和(b)成熟期随时间变化图

　　图 3.10 中的实线为 5 a 滑动平均。由图 3.10 看出:冬小麦光温潜在产量 20 世纪 50 年代较高,为 6 269.7 kg·hm^{-2};60 年代最低,为 5 938.9 kg·hm^{-2};70 年代最高,为 6 473.5 kg·hm^{-2};80 年代开始降低,为 6 374.8 kg·hm^{-2};90 年代继续降低,为 6 180.8 kg·hm^{-2}。冬小麦雨养产量变化趋势与光温潜在产量变化趋势基本一致,雨养产量最低值也出现在 20 世纪 60 年代,为 5 371.3 kg·hm^{-2};但是最高值出现在 80 年代,为 5 930.7 kg·hm^{-2}。光温潜在产量和雨养产量最低值同时出现在 20 世纪 60 年代,说明 20 世纪 60 年代光、温、水配置最差。60 年代相对于其他年代而言,气温偏低,降水偏多,仅次于 50 年代,日照时数相对于其他年代偏多,因此可以得出结论:60 年代的低温直接导致了冬小麦产量的降低。冬小麦光温潜在产量的最高值出现在70年代,70 年代的气温高于 60 年代,但低于 90 年代;而 70 年代的日照时数高于其他年代,因此得出结论:70 年代日照时数偏多是光温潜在产量升高的主要原因。

　　图 3.10 中光温潜在产量减去雨养产量为近 50 多年来干旱对我国冬小麦产量影响程度及

趋势。光温潜在产量假设冬小麦生长过程中不受水分胁迫影响,而作物模型模拟的冬小麦雨养产量受到气温、日照、降水等气候条件的影响,因此两者的差值即为干旱对冬小麦产量影响的差值。总体上,干旱对我国北方冬小麦影响程度最大发生在 20 世纪 70 年代,使冬小麦减产 911.3 kg·hm^{-2},其中 1974 年干旱最为严重,造成冬小麦减产 23%。20 世纪 80 年代干旱对冬小麦影响较小,90 年代相对于 80 年代而言,干旱影响程度加大。这说明我国冬小麦干旱最严重的时期发生在 1965—1975 年间,这段时间的干旱使冬小麦减产最多。同时图 3.10 也说明近几十年来我国冬小麦干旱没有加重趋势。

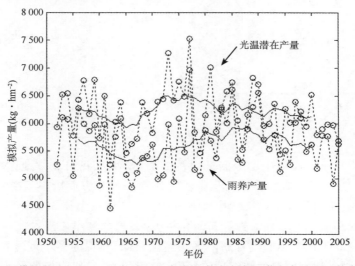

图 3.10 WOFOST 模拟的 1952—2005 年我国北方麦区冬小麦光温潜在产量和雨养产量随时间变化图

图 3.7(a)中冬小麦生育期内降水量明显减少似乎对冬小麦产量影响不大,但图 3.7(b)中北方冬麦区春季降水量没有明显减少的趋势,这说明春季降水量对冬小麦产量影响更大。在实际农业生产中,上年 10 月至当年 2 月,冬小麦大多处于出苗期、越冬期及返青期,冬小麦需水量较小,因此对水分多少不敏感。但到了 3—5 月,冬小麦开始先后经历拔节期、开花期,需要大量的水分,但是我国北方地区近几十年来春季降水量经常偏少,影响冬小麦正常生长发育的需要。进入 6 月冬小麦大多处于抽穗期、成熟期,相对而言需水量减少,另一方面进入 6 月,北方进入汛期,降水量开始增多,因此 6—7 月份的降水量一般可以满足冬小麦的需要。因此我国北方地区春季降水量对冬小麦的生长发育更为重要。

为了进一步证实我国北方冬麦区春季降水量对冬小麦产量影响更大这一结论,本文计算了干旱对冬小麦产量的影响,简称为冬小麦干旱指数(即模拟的冬小麦潜在产量与雨养产量的差值),与冬小麦生育期降水量和春季降水量的相关关系,结果见表 3.7。

由表 3.7 可以看出,无论是春季降水量还是冬小麦生育期降水量都与冬小麦干旱指数呈负相关,说明降水越多,冬小麦所受干旱越轻。表 3.7 的另一个特征是大部分 $|Rs|$ 都比 $|Rg|$ 大,而且春季降水量与冬小麦干旱指数的相关系数中,有 7 个站点相关系数达到显著水平,最大相关系数出现在淄博和汤阴两个站点,相关系数都达到了 -0.37。这说明我国北方麦区春季降水量对冬小麦雨养产量影响更大,并且部分站点影响显著。因此在以后关于气候情景的研究中,对我国北方春季降水量应该更加重视。

表 3.7　冬小麦干旱指数与春季降水量和生育期降水量的相关关系

站点	Rs	Rg	站点	Rs	Rg
惠民	**−0.29**	−0.02	旬邑	**−0.29**	0.04
济宁	−0.18	−0.01	商州	**−0.30**	−0.16
莒县	−0.04	−0.18	韩城	−0.17	−0.32
潍坊	−0.02	−0.14	河间	−0.04	0.11
淄博	**−0.37**	−0.19	长治	−0.12	−0.01
德州	−0.16	−0.14	城固	**−0.25**	−0.19
泰安	−0.21	−0.09	运城	−0.18	−0.32
菏泽	−0.20	0.05	汾阳	−0.13	−0.05
北京	−0.12	−0.03	汤阴	**−0.37**	0.06
石家庄	−0.10	−0.06	杞县	**−0.35**	−0.05
唐山	−0.12	−0.12	信阳	−0.08	−0.11
南宫	−0.04	−0.21	汝州	−0.20	−0.06

注:Rs 为冬小麦干旱指数与春季降水量的相关系数;Rg 为冬小麦干旱指数与冬小麦整个生育期降水量的相关系数。

3.2.1.7　小结

利用 WOFOST 作物模型中已经验证过的参数,模拟了我国北方地区 5 个省份 1952—2005 年冬小麦生长发育及产量,模拟过程中假定作物品种和农业措施不变,因此模拟结果只受到气候要素的影响。模拟结果显示,由于 20 世纪 90 年代气温比 60 年代升高了 0.65 ℃,模拟的冬小麦开花期和成熟期分别缩短了 3.3 和 3 d。模拟的冬小麦潜在产量 20 世纪 60 年代最低,主要原因是 60 年代冬小麦生育期内平均气温较低;模拟的冬小麦潜在产量 20 世纪 70 年代最高,主要原因是适宜的温度和充足的日照;20 世纪 90 年代模拟的冬小麦潜在产量相对较低,主要原因是日照时数减少和气温的升高。这些结果说明冬小麦生育期内温度降低将会影响冬小麦的产量,然而气温较高也会通过缩短生育期影响冬小麦的产量。虽然冬小麦生育期内降水量明显减少,然而模拟的降水量对冬小麦产量的影响却没有变重趋势,可能的原因是春季降水量没有明显减少,因为水分胁迫经常发生在春季。计算结果表明:过去的 50 多年中干旱使冬小麦平均减产 9.7%。

3.2.2　气候变化对我国不同地区冬小麦产量的影响

我国北方冬小麦主要种植在山东、河北、河南、山西和陕西 5 省,南方冬小麦主要种植在江苏、安徽、湖北、四川、重庆、贵州及云南 7 省(市)。由于我国南北冬小麦产区分别属于不同的气候类型,气候特点也差别很大,更为重要的是气候变化在不同的地区是不同的,而冬小麦对气温、降水的要求有一定的范围,且不同的气候背景下,同样的气候变率对不同地区的影响是不同的,当然,不同的气候变率对不同地区的影响会更加复杂,例如,我国北方冬小麦产区气温偏低,有的年份低温冷害会阻碍冬小麦的生长发育,气候变暖、气温升高可能对这些地区的冬小麦产生有利影响;但对于南方地区,气温较高、气候变暖很可能在短时间内使气温超过冬小麦生长的最适范围,进而产生不利影响。因此,利用作物模型探讨气候变化对不同冬小麦产区的不同影响是十分必要的。

本文用于作物模型输入的气象资料包括 1961—2005 年逐日最高气温、最低气温、降水量、08 时水汽压、2 m 风速和日照时数。逐日气象资料由中国气象局资料室提供。50 个农业气象站点中有 75% 的站点有逐日气象资料,另外 25% 的站点无逐日气象资料,这些站点的气象资料由最邻近的气象站点资料代替。文中所用气象资料都经过质量控制,缺失的气象资料由邻近气象站点的逐日气象资料代替。

　　本文在模拟过程中假设冬小麦的作物品种、耕作管理措施处于 20 世纪 90 年代水平不变,因此作物模型模拟过程中的作物遗传参数、土壤参数等直接应用上文中模型经过调试和验证过的参数,这样便保证了文中模拟的冬小麦生长发育过程和产量只受到气候变化的影响。

3.2.2.1　冬小麦生育期内气候变化

　　我国北方冬小麦生育期是指上一年 10 月份开始播种到下一年 6 月份收获,南方冬小麦生育期是指上一年 10 月份或 11 月份播种到下一年 5 月份收获。本文计算了我国冬小麦产区冬小麦生育期内气候变化趋势。气温和日照对冬小麦潜在产量影响较大,1961—2005 年冬小麦生育期内平均气温和日照时数的变化趋势见图 3.11。

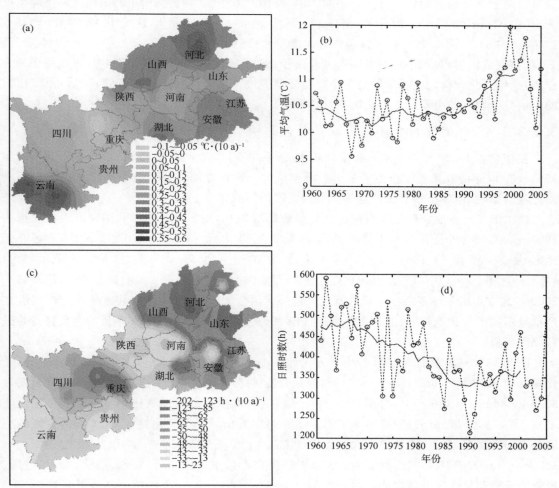

图 3.11　1961—2005 年冬小麦生育期内平均气温((a)、(b))和日照时数((c)、(d))的
时间变化趋势和空间变化趋势分布图

1961—2005 年冬小麦生育期内平均气温呈明显的上升趋势,为 0.20 ℃ · (10 a)$^{-1}$(图 3.11(b)),与全国增温趋势一致。并且 20 世纪 90 年代增温迅速,平均气温由 20 世纪60 年代的 10.3 ℃增到 20 世纪 90 年代的 10.9 ℃。另外,不同地区间增温幅度不同(见图 3.11(a)),在北方麦区的河北、山西及陕西北部增温幅度为 0.3~0.6 ℃ · (10 a)$^{-1}$,山东、河南、陕西南部增温幅度为 0.1~0.3 ℃ · (10 a)$^{-1}$;我国南方麦区升温幅度低于北方麦区,南方麦区江苏、安徽和云南平均增温幅度为 0.3~0.5 ℃ · (10 a)$^{-1}$,四川、贵州和重庆大部增温幅度为 0~0.03 ℃ · (10 a)$^{-1}$,但四川的局部地区气温略有下降。在我国北方麦区,冬小麦经常受到低温冷害或冻害的影响,而南方麦区,由于冬季平均气温经常高于 0 ℃,低温对冬小麦影响较小。因此,气温升高对我国不同麦区影响可能不同。

我国冬小麦产区冬小麦生育期内日照时数总体上下降幅度为 36.4 h · (10 a)$^{-1}$(见图 3.11(d))。20 世纪 80—90 年代下降幅度更大,比 60 年代分别下降 131.7 和 121.4 h。而且日照时数下降幅度地区间分布是不均匀的,我国北方麦区的河北、山东和山西北部下降幅度为 50~202 h · (10 a)$^{-1}$,而山西南部、陕西及河南地区日照时数变化幅度为 -50~23 h · (10 a)$^{-1}$(图 3.11(c))。我国南方大部麦区日照时数下降幅度为 17~70 h · (10 a)$^{-1}$。日照时数(或辐射)对冬小麦的影响有三种途径:首先,一部分辐射被冬小麦叶片吸收用于光合作用,产生光化合物;其次,辐射是冬小麦与环境间进行能量交换的一种方式;最后,短波辐射的光谱分布影响冬小麦的生长速度和发育进程。

3.2.2.2　气候变化对冬小麦潜在产量的影响

在作物品种、耕作措施、土壤特性不变的条件下,本文利用模型调试后的遗传参数和1961—2005 年的气象数据模拟了冬小麦潜在产量。这种方法有效地避免了科技进步对冬小麦产量的影响,使冬小麦潜在产量仅受气候要素的影响。

模拟的冬小麦潜在产量随时间的变化趋势见图 3.12,由图 3.12 知,我国南方麦区模拟的1961—2005 年冬小麦产量呈下降趋势,下降幅度为 54.1 kg · hm^{-2} · (10 a)$^{-1}$;北方麦区变化比较复杂,模拟的 1961—2005 年冬小麦潜在产量也略呈下降趋势,下降幅度为11.1 kg · hm^{-2} · (10 a)$^{-1}$。但是北方麦区 20 世纪 70 年代以后有一段明显上升阶段,1961—2000 年北方麦区冬小麦潜在产量略有上升趋势。由于 1961—2000 年南北方冬小麦产区潜在产量呈不同的变化趋势,因此下文将重点讨论 1961—2000 年冬小麦潜在产量的变化特点并进行原因分析。

图 3.13(b)(附彩图 3.13(b))中北方麦区冬小麦潜在产量 1961—2000 年呈上升趋势,变化幅度为 35.3 kg · hm^{-2} · (10 a)$^{-1}$,然而南方麦区冬小麦潜在产量呈下降趋势,下降幅度为32.6 kg · hm^{-2} · (10 a)$^{-1}$,特别是 20 世纪 90 年代,模拟的潜在产量比 20 世纪 60 年代下降了 0.7%。从图 3.13(a)(附彩图 3.13(a))中也可以看出同样的变化特征,北方大部麦区冬小麦潜在产量呈上升趋势,河北、山东北部、山西东部地区产量上升幅度为 55~322 kg · hm^{-2} · (10 a)$^{-1}$。然而南方大部麦区潜在产量呈下降趋势,安徽、湖北、四川、重庆、贵州和云南部分地区下降幅度超过 100 kg · hm^{-2} · (10 a)$^{-1}$。这种变化趋势说明过去 40 a的气候变化对我国南北麦区影响截然不同,对北方大部麦区产生有利影响趋势,但对南方麦区却有不利影响。

我国北方大部麦区属于暖温带半湿润季风气候,冬季寒冷,冬小麦越冬期经常受到冻害的影响。例如,北京 1949—1953 年连续 5 a 冬季冻害使冬小麦减产 30%,河北 1980 年冻害导致 30%的冬小麦麦苗被冻死(金善宝 1996)。当气温低于 0 ℃时,冰晶开始在细胞壁间形成,因为在相同的温度条件下,冰的水汽压低于液体水的水汽压,冰晶使水不断地从细胞转移到细胞壁,最终导致细胞脱水,使细胞受到伤害。因此本文采用冬季(12 月—翌年 2 月)负积温作为冬小麦受冻指标,研究 1961—2000 年冬小麦受冻趋势。图 3.14 是河北、山东、山西东部及河南北部 1961—2000 年冬季负积温随时间变化趋势图。从图 3.14 可以看出,冬季负积温呈明显上升趋势,变化幅度为 28.1 ℃·d·(10 a)$^{-1}$。而且 20 世纪 90 年代冬季负积温达到 −129.5 ℃·d,比 60 年代上升了 44.6%。这说明北方大部麦区 1961—2000 年冬小麦所受冻害在减轻。这对北方冬小麦潜在产量升高是一个重要原因。

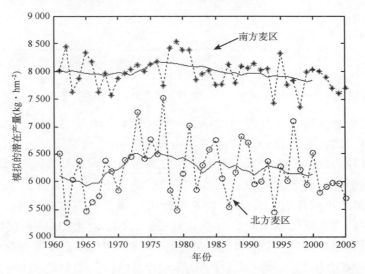

图 3.12　1961—2005 年我国北方和南方麦区模拟的冬小麦潜在产量变化图

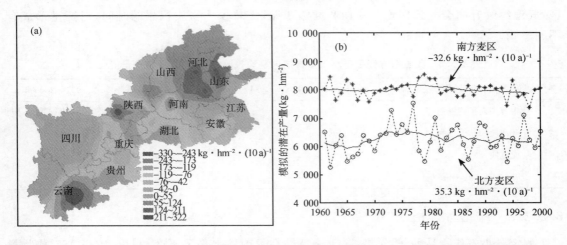

图 3.13　1961—2000 年模拟的(a)冬小麦潜在产量变化趋势空间分布和(b)冬小麦潜在产量随时间分布图

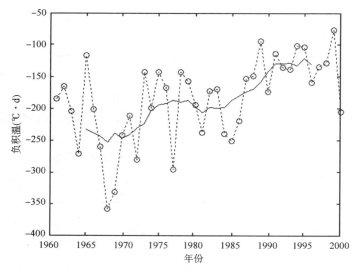

图 3.14 1961—2000 年河北、山东、山西东部及河南北部地区冬季负积温变化图

我国南方大部麦区属于亚热带湿润季风气候,冬季平均气温在 0 ℃以上,冬小麦的产量主要受到高温、湿害、暴雨洪涝的影响。南方麦区冬小麦模拟潜在产量下降的原因主要是气温和日照时数的影响。南方大部分麦区日照时数缩短对冬小麦有不利影响,但气温升高也可能是不利影响。因为南方麦区大部分时间气温适宜,但气温升高就会加速冬小麦生物化学反应,引起冬小麦生育期缩短。表 3.8 给出了模拟的南方麦区 1961—2000 年冬小麦生育期和潜在产量的年代际变化。由表 3.8 可以看出,20 世纪 90 年代模拟的冬小麦开花期和成熟期明显缩短,90 年代比 60 年代气温升高了 1.1 ℃,开花期和成熟期分别缩短了 6 和 4.8 d。这一结论与 Sainia 等(1987)和 Dhiman 等(1985)的结论相似,他们发现印度西北部地区气温每升高1 ℃,开花期和成熟期分别会缩短 5 和 4 d。这说明气温已经适宜的地区,气温继续升高会导致作物开花期和成熟期缩短,减少干物质积累的时间,对产量形成有不利影响。

表 3.8 我国南方麦区冬小麦生育期内平均气温、生育期和潜在产量变化

年代	1961—1970 年	1971—1980 年	1981—1990 年	1991—2000 年
生育期内平均气温(℃)	10.2	10.2	10.3	11.3
开花期(d)	104.3	104.3	105.0	98.3
成熟期(d)	132.8	133.0	133.3	128.0
潜在产量(kg · hm^{-2})	7 947.4	8 150.8	7 979.5	7 893.1

3.2.2.3 结论与讨论

假定冬小麦作物品种、耕作措施、土壤特性在目前的水平下不变,利用 WOFOST 作物模型模拟 1961—2005 年气候变化对冬小麦潜在产量的影响,发现 1961—2000 年气候变化使我国北方麦区冬小麦潜在产量升高,平均升高幅度为 2.3%,而南方麦区潜在产量呈下降趋势,下降幅度为 1.6%。这说明 1961—2000 年气候变化对我国北方麦区有积极影响,但对南方麦

区有消极影响。北方麦区冬小麦的生长发育及产量形成经常受到低温冻害的影响,所以气温升高对冬小麦生长比较有利。而在我国南方麦区,冬小麦潜在产量下降的原因可能是由于南方冬麦区气温升高,生育期缩短,影响干物质积累时间,致使潜在产量下降。

当然,日照时数减少也会对冬小麦潜在产量产生影响,全国大部分麦区日照时数缩短会对冬小麦生长发育及产量形成产生不利影响。冬小麦的潜在产量是气温和日照时数等要素综合作用的结果。而且气温的分布也对冬小麦潜在产量产生影响,例如同样的平均气温下暖冬和冷夏有利于冬小麦产量的提高。

3.3　GCMs 模拟的未来 100 a 气候变化对我国冬小麦的影响

全球平均气温自 1861 年以来持续升高,20 世纪增加了(0.6 ± 0.2)℃,且研究证明,20 世纪全球变暖主要是由人类活动和自然变化的共同作用造成的(IPCC 2007)。因此,人类活动对气候系统的影响程度、气候的未来变化趋势及影响日益受到关注。

我国科技工作者近十几年来在未来气候变化领域开展了很多工作,大体可以归结为:①利用气候模式在各种温室气体排放情景下对中国气候变化进行数值试验,如王会军等(1992)利用一个耦合了混合层海洋模式和热力学海冰模式的两层大气环流模式进行 CO_2 浓度加倍的数值试验;陈起英等(1996)用两层大气和 20 层大洋环流耦合模式模拟研究了 CO_2 浓度加倍后东亚区域的气候变化;陈克明(1994)利用大气-海洋-海冰耦合模式模拟了 CO_2 以 1%速率增加情况下全球变暖情景;Guo 等(2001)用 IAP/LASG GOALS 模式模拟了 CO_2 增加情景下东亚地区气候变化;Gao 等(2001)用 RegCM2 区域气候模式单向嵌套澳大利亚 CSIROR21L9 全球海洋-大气耦合模式进行温室效应引起的中国地区气候变化数值模拟。②借助国际上气候模式预测结果,对东亚区域气候变化进行未来情景分析(王绍武等 1995,高庆先等 2002,徐影等 2003,许吟隆 2003,赵宗慈等 2003)。③开展气候变化预测不确定性及相关综合性研究(王明星等 2002,石广玉等 2002)。

目前,在预测未来人类活动造成的气候变化研究方面,主要依靠的计算工具是气候模式,气候模式在气候变化预估中具有不可替代的作用,在某种程度上甚至可以说是唯一的工具。从 IPCC 进行第一次评估报告到第四次评估报告,所使用的气候模式涵盖了简单气候模式、中等复杂程度气候模式及复杂气候模式,模式的分辨率越来越高,越来越多的物理过程被引入到模式中来。模式模拟能力的加强,大大增强了我们对未来气候进行预估的信心。本研究中,我们主要运用世界气候研究计划(WCRP)CMIP3 多模式数据库,该数据库目前共收录了世界主要研究中心共 23 个气候模式的计算结果,见表 3.9。

考虑到气候模式对东亚地区模拟能力的差异,根据前人的研究成果,本研究选取了 5 个全球模式,它们分别是:GFDL_CM2_1,MPI_ECHAM5,MRI_CGCM2,NCAR_CCSM3,UKMO_HADCM3,表 3.10 给出了这 5 个模式的基本信息。

表 3.9 WCRP CMIP3 多模式数据库模式介绍

Originating Group(s)	Country	IPCC I. D.
Bjerknes Centre for Climate Research	Norway	BCCR_BCM2. 0
Beijing Climate Centre	China	BCC_CM1
National Centre for Atmospheric Research	USA	CCSM3
Canadian Centre for Climate Modelling & Analysis	Canada	CGCM3. 1(T47)
Canadian Centre for Climate Modelling & Analysis	Canada	CGCM3. 1(T63)
Météo-France/Centre National de Recherches Météorologiques	France	CNRM_CM3
CSIRO Atmospheric Research	Australia	CSIRO_Mk3. 0
Max Planck Institute for Meteorology	Germany	ECHAM5/MPI_OM
Meteorological Institute of the University of Bonn, Meteorological Research Institute of KMA, and Model and Data group	Germany/Korea	ECHO_G
LASG/Institute of Atmospheric Physics	China	FGOALS_g1. 0
US Dept. of Commerce/NOAA/Geophysical Fluid Dynamics Laboratory	USA	GFDL_CM2. 0
US Dept. of Commerce/NOAA/Geophysical Fluid Dynamics Laboratory	USA	GFDL_CM2. 1
NASA/Goddard Institute for Space Studies	USA	GISS_AOM
NASA/Goddard Institute for Space Studies	USA	GISS_EH
NASA/Goddard Institute for Space Studies	USA	GISS_ER
Institute for Numerical Mathematics	Russia	INM_CM3. 0
Institute Pierre Simon Laplace	France	IPSL_CM4
Centre for Climate System Research(The University of Tokyo), National Institute for Environmental Studies, and Frontier Research Centre for Global Change(JAMSTEC)	Japan	MIROC3. 2(hires)
Centre for Climate System Research(The University of Tokyo), National Institute for Environmental Studies, and Frontier Research Centre for Global Change(JAMSTEC)	Japan	MIROC3. 2(medres)
Meteorological Research Institute	Japan	MRI_CGCM2. 3. 2
National Centre for Atmospheric Research	USA	PCM
Hadley Centre for Climate Prediction and Research/Met Office	UK	UKMO_HADCM3
Hadley Centre for Climate Prediction and Research/Met Office	UK	UKMO_HADGEM1

表 3.10 本研究所用气候模式的基本信息

模式名称	分辨率(经、纬度格点数)	积分时段	所属国家、研究中心缩写
GFDL_CM2. 1	144×90	1861—2100	美国/GFDL
MPI_ECHAM5	192×96	1860—2100	德国/MPI
MRI_CGCM2. 3. 2a	128×64	1901—2100	日本/MRI
NCAR_CCSM3. 0	256×128	1870—2100	美国/NCAR
UKMO_HADCM3	96×73	1860—2100	英国/UKMO

　　本文将主要研究上述 5 个全球环流模式模拟的中国地区 A2 和 A1B 情景下未来 100 a 气候变化及其对农业的影响。A2 情景(高排放)描述了一个极不均衡的世界,主要特征是:自给自足,保持当地特色;各地域间生产力方式的趋同异常缓慢,导致人口持续增长;经济发展主要

面向区域,人均经济增长和技术变化是不连续的,低于其他情景的发展速度。A1 描述了这样一个未来世界:经济增长非常快,全球人口数量峰值出现在 21 世纪中叶并随后下降,新的更高效的技术被迅速引进。主要特征是:地区间的趋同、能力建设提高及不断扩大的文化和社会的相互影响,同时伴随着地域间人均收入差距的实质性缩小。A1 情景组进一步划分为 3 组情景,分别描述了能源系统中技术变化的不同方向。以技术重点来区分,这 3 种 A1 情景组分别代表着化石燃料密集型(A1FI)、非化石燃料能源(A1T)及各种能源之间的平衡 A1B(中等排放)。对应于计算得出的 2100 年人为温室气体解释性标志情景 SRES B1,A1T,B2,A1B,A2 和 A1FI 分别大致对应 600,700,800,850,1 250 和 1 550 ppm 的 CO_2 浓度当量(见图 3.15)。由图 3.15 可以看出,A2 情景下 CO_2 浓度直线上升,A1B 情景下 CO_2 浓度先上升,上升速率与 A2 情景相似,但大约在 2050 年前后 CO_2 浓度略有下降趋势。

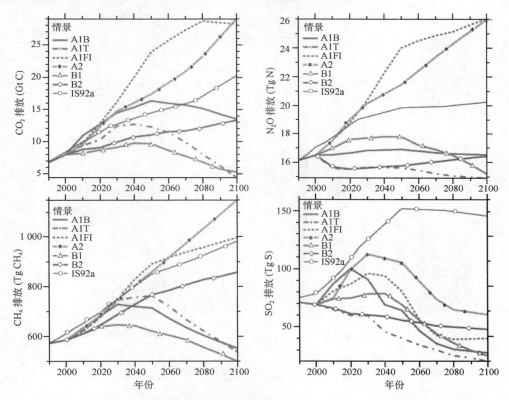

图 3.15　SRES 和 IS92a 主要温室气体(CO_2,N_2O,CH_4)和 SO_2 的人为排放量变化曲线

本研究的气候模式资料均来源于 WCRP CMIP3 多模式数据库,资料主要分为两类:对 20 世纪的模拟和 SRES A2 情景与 A1B 情景下对 21 世纪的预测。为了适应中国区域的研究需要,对所有的资料均进行了处理。首先计算模拟的未来 100 a 气候情景数据与基准数据(1961—1990 年)的差值,将差值采用双线性插值内插到站点上,再将差值加到站点观测的常年值上,得到订正后的模拟的气候情景,最后对这 5 个模式的模拟结果进行合成,得到集合后的数据,用来驱动作物模型,计算未来气候变化的影响。

3.3.1 GCMs 模拟的 A2 情景下气候变化对我国冬小麦的影响

3.3.1.1 A2 情景下的气候变化

3.3.1.1.1 GFDL_CM2 模拟的未来 100 a 气候情景

模拟结果显示，在 A2 情景下未来 100 a，我国冬小麦产区年平均气温均呈上升趋势（见图 3.16(a)），变化范围在 3~4 ℃，其中华北及山东、四川、云南和贵州大部平均气温升高幅度

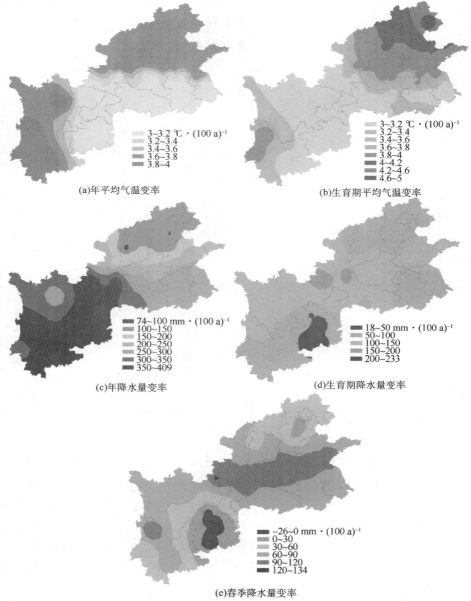

图 3.16　GFDL_CM2 模拟的冬小麦产区未来 100 a A2 情景下年平均气温变率、生育期平均气温变率、年降水量变率、生育期降水量变率和春季降水量变率分布图

较大,在 3.6~4 ℃之间,其他地区升温幅度较小。在冬小麦生长发育期间(即北方麦区在上年的 10 月至当年的 6 月,南方麦区在上年的 11 月至当年的 5 月份),平均气温仍呈升高趋势(见图 3.16(b)),升高幅度为 3~5 ℃。其中,华北大部、山东、河南及云南部分地区气温升高较多,特别是河北东北部,气温升高幅度在 4.6~5 ℃之间。

GFDL_CM2 模拟的未来 100 a 冬小麦产区年降水量全部呈增多趋势,而且增多幅度南多北少(见图 3.16(c))。华北大部降水量增多幅度相对较少,一般为 74~150 mm・(100 a)$^{-1}$,而四川、贵州、云南等地降水增加较多,一般为 300~400 mm・(100 a)$^{-1}$。冬小麦生育期内的降水量变率分布形势见图 3.16(d)与年降水量变率的分布形势(见图 3.16(c))完全不同,在冬小麦生育期内,降水量也呈增多趋势,但华北、云南、贵州、安徽、江苏降水量增加较少,一般为 50~100 mm・(100 a)$^{-1}$,其他地区降水量增加较多。春季(3—5 月)降水量变率分布见图 3.16(e),由图可见,贵州中部未来 100 a 春季降水量呈减少趋势,减少幅度为 -26~0 mm・(100 a)$^{-1}$;其次,河北、山西北部春季降水量虽然呈增多趋势,但幅度较小,一般为 0~60 mm・(100 a)$^{-1}$,其余地区增加较多。

总体上,GFDL_CM2 模拟的结果显示:未来 100 a 冬小麦产区气温呈增加趋势,降水呈增多趋势。但华北地区无论是年降水量、生育期降水量还是春季降水量增加幅度较小,对目前华北频繁发生的春季干旱的影响,还要进一步通过模拟分析得出结论,因为一方面气温升高,蒸发加快,导致干旱进一步加重,但另一方面,降水增多可以缓解干旱。通过历史数据研究发现,南方麦区干旱发生频率不高,干旱影响较小,因此这些地区降水增多对冬小麦产量不会有太大影响,但降水增多引起的洪涝发生频率会增多,对冬小麦产量也会有一定的负面影响。

3.3.1.1.2　MPI_ECHAM5 模拟的未来 100 a 气候情景

MPI_ECHAM5 模拟的未来 100 a A2 情景下年平均气温变率分布见图 3.17(a),由图可见,未来 100 a 年平均气温和大多数模式一样呈增温趋势,气温变化幅度为 4.5~6 ℃・(100 a)$^{-1}$。其中河北、山西北部、山东北部增温幅度较大,为 5.6~6 ℃・(100 a)$^{-1}$,江苏、安徽增温幅度较小,一般为 4.5~5 ℃・(100 a)$^{-1}$,其余大部地区增温幅度在 5 ℃・(100 a)$^{-1}$左右。未来 100 a A2 情景下生育期平均气温变率分布见图 3.17(b),由图可以看出冬小麦产区生育期平均气温增温幅度在 4~6 ℃・(100 a)$^{-1}$,其中河北北部和西部、云南西北部增温幅度在 5~6 ℃・(100 a)$^{-1}$,云南东部、贵州西南部增温幅度较小,在 4~4.4 ℃・(100 a)$^{-1}$之间,其余大部地区增温幅度在 5 ℃・(100 a)$^{-1}$左右。

MPI_ECHAM5 模拟的年降水量变率分布见图 3.17(c),由图可知,虽然 MPI_ECHAM5 模拟的年降水量在冬小麦产区普遍增多,但分布形势与 GFDL-CM2 模拟的年降水量变率有很大的不同。MPI_ECHAM5 模拟结果显示:未来 100 a 四川、贵州年降水量增多较少,但云南西部、山东南部、江苏年降水量增加较多,大部分地区在 100~200 mm・(100 a)$^{-1}$之间。MPI_ECHAM5 模拟的生育期降水量变率呈北多南少趋势(见图 3.17(d)),其中四川局部、贵州等地水量呈减少趋势,减少范围是 0~48 mm・(100 a)$^{-1}$,四川大部、云南、重庆南部降水量呈增加趋势,但增加幅度较小,为 0~50 mm・(100 a)$^{-1}$。北方大部生育期降水量增加较多,为 100~200 mm・(100 a)$^{-1}$。MPI_ECHAM5 模拟的春季降水量变率与生育期降水量变率相似,也为南少北多趋势(见图 3.17(e))。四川、云南、贵州、重庆生育期降水量或呈减少趋势或增加幅度较小。而北方麦区及江苏、安徽、湖北降水量都呈增加趋势。南方麦区降水减少,可能会引发干旱。而干旱频繁发生的北方麦区,降水量增多,尤其是春季降水量增多可能会减轻干旱对冬小麦产量的威胁。

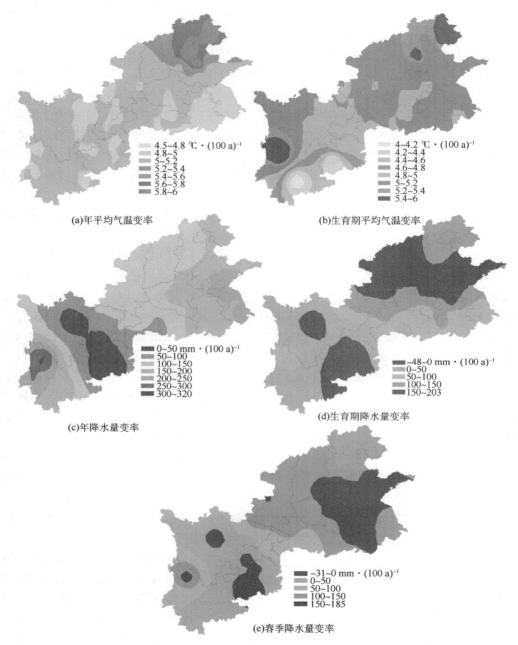

图 3.17   MPI_ECHAM5 模拟的冬小麦产区未来 100 a A2 情景下年平均气温变率、生育期
平均气温变率、年降水量变率、生育期降水量变率和春季降水量变率分布图

　　总之,MPI_ECHAM5 模拟的年平均气温和冬小麦生育期内气温全部呈增加趋势,而且增加幅度比 GFDL_CM2 模拟的气温增加幅度大。MPI_ECHAM5 模拟的年降水量、生育期降水量和春季降水量变率全部呈南少北多的趋势,与 GFDL_CM2 模拟的结果有很大的差异。但两者的共同之处是贵州和云南、四川部分地区降水量增加幅度较小。

3.3.1.1.3　MRI_CGCM2 模拟的未来 100 a 气候情景

MRI_CGCM2 模拟的 A2 情景下未来 100 a 年平均气温变率为 3~4 ℃·(100 a)⁻¹(见图 3.18(a)),其中云南、四川西南部年平均气温升高幅度较低,为 3~3.8 ℃·(100 a)⁻¹,其余大部地区变化幅度在 3.8~4 ℃·(100 a)⁻¹之间。冬小麦生育期平均气温变率分布形势与年平均气温变率一致(见图 3.18(b)),变化范围也在 3~4 ℃·(100 a)⁻¹之间,其中云南东部升温幅度较低,为 3~3.8 ℃·(100 a)⁻¹,其余大部地区在 3.8~4 ℃·(100 a)⁻¹之间。

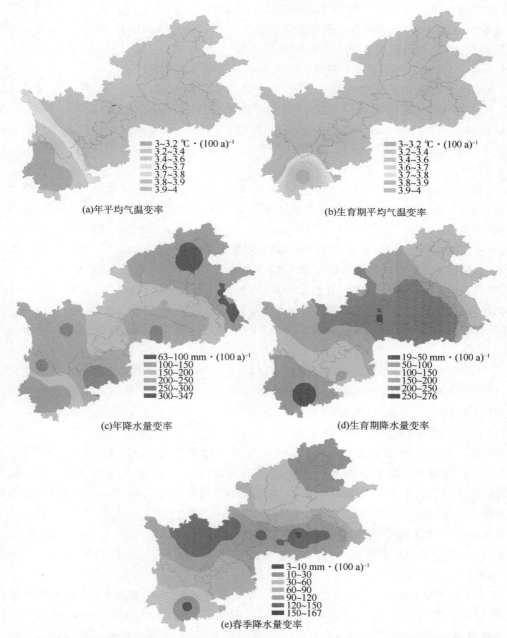

图 3.18　MRI_CGCM2 模拟的冬小麦产区未来 100 a A2 情景下年平均气温变率、生育期平均气温变率、年降水量变率、生育期降水量变率和春季降水量变率分布图

MRI_CGCM2 模拟的 A2 情景下未来 100 a 我国冬小麦产区年降水量变率分布见图 3.18(c),图中最明显的特征是华北大部降水量增加幅度较小,一般为 63~150 mm·(100 a)$^{-1}$,四川、贵州、湖北降水量增加幅度较大,为 200~347 mm·(100 a)$^{-1}$。冬小麦生育期内降水量河北、山东东部、云南、贵州增加较少,一般为 19~150 mm·(100 a)$^{-1}$,麦区的中部生育期内降水增加较多,有 200~276 mm·(100 a)$^{-1}$。春季降水的分布形势与年降水量和生育期降水量变化趋势一致,即麦区北部和云南降水量增加较少,麦区中部如四川、湖北、安徽等地春季降水量增加较多。已有研究发现,春季降水量对冬小麦产量影响更大。MRI_CGCM2 模拟的北方春季降水量变化幅度与 GFDL_CM2 模拟的春季降水量变化比较一致,但与 MPI_ECHAM5 模拟的春季降水量变化有很大差别。

3.3.1.1.4　UKMO_HADCM3 模拟的未来 100 a 气候情景

UKMO_HADCM3 模拟的我国冬小麦产区未来 100 a 年平均气温升高幅度为 4.6~5.4 ℃·(100 a)$^{-1}$(见图 3.19(a)),冬小麦生育期平均气温升高幅度为 4~5 ℃·(100 a)$^{-1}$。年平均气温在四川、陕西、湖北等地升温较高,但生育期平均气温在南方如四川、贵州、云南升温较高,一般为 4.5~5 ℃·(100 a)$^{-1}$,北部升温一般为 4~4.4 ℃·(100 a)$^{-1}$(见图 3.19(b))。

UKMO_HADCM3 模拟的年降水量变率见图 3.19(c),与上述气候模式模拟的降水变率变化趋势相似,整个冬麦区年降水量全部呈增加趋势,除四川西南部、云南、贵州、山东、河南东部年降水量增加幅度为 500~900 mm·(100 a)$^{-1}$,其他地区一般增加 300~500 mm·(100 a)$^{-1}$。模拟的冬小麦生育期降水量变化趋势(见图 3.19(d))与年降水量变化趋势不同,河北大部、四川局部生育期降水量一般增加 132~200 mm·(100 a)$^{-1}$,江苏、安徽、河南、湖北、云南西部生育期降水量增加较多,为 300~406 mm·(100 a)$^{-1}$。模拟的春季降水量变化趋势见图 3.19(e),由图可见,北方大部麦区降水量增加较少,尤其是河北、山西、山东,春季降水量增加幅度为 61~100 mm·(100 a)$^{-1}$,四川南部、云南西部等地春季降水量增加较多。

总之,UKMO_HADCM3 模拟的气温变化幅度与 MPI_ECHAM5 模拟的气温变化幅度相当,模拟的年降水量、生育期降水量和春季降水量都呈增加趋势,不过北方春季降水量增加较少,其分布形式与 MRI_CGCM2 和 GFDL-CM2 模拟的春季降水量增加趋势较一致。

3.3.1.1.5　NCAR_CCSM3 模拟的未来 100 a 气候情景

NCAR_CCSM3 模拟的未来 100 a 年平均气温变化幅度为 3.9~4.4 ℃·(100 a)$^{-1}$(见图 3.20(a)),气温变化趋势分布形势为麦区中部升温高,北部和南部低于中部,如北部的河北、山西、山东、河南,南部的四川南部、云南、贵州南部升温幅度在 3.9~4.2 ℃·(100 a)$^{-1}$,而中部的陕西中南部、湖北、四川北部、重庆、贵州北部等地升温幅度为 4.2~4.4 ℃·(100 a)$^{-1}$。冬小麦生育期内平均气温变化幅度与年平均气温变化幅度相当,为 3.7~4.3 ℃·(100 a)$^{-1}$(见图 3.20(b)),其中升温较多的地区包括河北、山西北部、山东北部、四川东北部、重庆、贵州北部,达 4.2~4.3 ℃·(100 a)$^{-1}$。

NCAR_CCSM3 模拟的未来 100 a 年降水量变率与其他气候模式类似,降水量全部呈增多趋势,变化范围为 54~472 mm·(100 a)$^{-1}$(见图 3.20(c)),其中华北、黄淮及江苏、安徽降水量增加较多,为 300~472 mm·(100 a)$^{-1}$,而四川南部、云南降水量增加幅度较小。冬小麦生育期内降水量仍然呈增加趋势(见图 3.20(d)),但北方多,南方少,北方如华北和山东降水

量将增加 120~162 mm·(100 a)⁻¹,南方如四川、云南、贵州、重庆、湖北降水量将增加 14~
60 mm·(100 a)⁻¹。春季降水量增加幅度为 10~121 mm·(100 a)⁻¹(见图 3.20(e)),仍呈
北多南少趋势,河北、山西、山东、河南北部等地降水量增加较多,一般为 80~
121 mm·(100 a)⁻¹,其余地区降水量增加量少于 80 mm·(100 a)⁻¹。

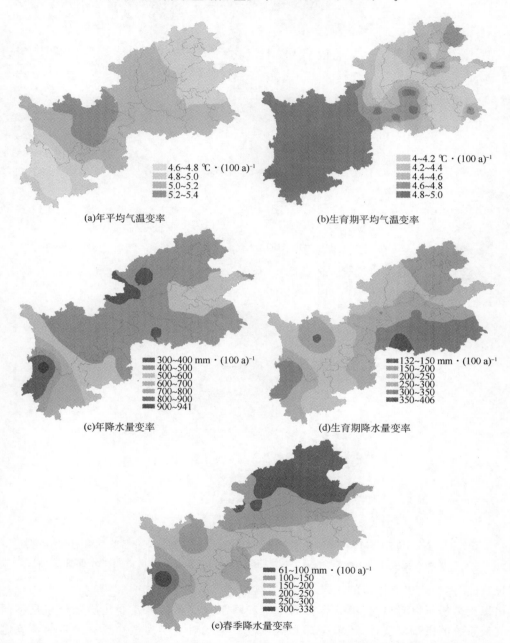

图 3.19　UKMO_HADCM3 模拟的冬小麦产区未来 100 a A2 情景下年平均气温变率、
生育期平均气温变率、年降水量变率、生育期降水量变率和春季降水量变率分布图

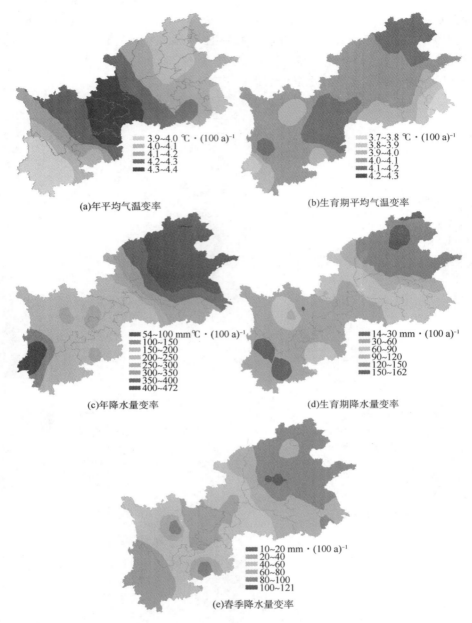

(a)年平均气温变率　　　　　　　　　　　　(b)生育期平均气温变率

(c)年降水量变率　　　　　　　　　　　　　(d)生育期降水量变率

(e)春季降水量变率

图 3.20　NCAR_CCSM3 模拟的冬小麦产区未来 100 a A2 情景下年平均气温变率、生育期
平均气温变率、年降水量变率、生育期降水量变率和春季降水量变率分布图

3.3.1.1.6　多模式集合模拟的未来 100 a 气候情景

由以上分析可以看出,各模式模拟的气温和降水量变化幅度及变化趋势分布是不同的。
由于气候系统的极端复杂性,目前全球和区域气候模式对气候模拟均具有一定的不确定性。
自 Lorenz 发现大气中的混沌现象以来,国内外气象工作者对于预报的不确定性进行了许多研
究。由于观测数据及其资料同化方法的不足、初值存在一定误差、不同参数化方案具有各自的
优缺点及现有模式的分辨率不能精确描述大气的状况等,这些都是造成模式模拟结果的不确

定性的因素。利用单个模式的多个模拟结果或多个模式的模拟结果进行集成,可以降低各个模式结果的不确定性,从而提高结果的可靠性。因此气候集成预测正在成为气候模拟及其预测研究的一个主要发展方向。

集成或集合预报首先是由 Epstein(1969)和 Leith(1974)从大气运动的随机性角度出发提出的,其理论基础是蒙特卡罗(Monte Carlo)统计验证法。进入 20 世纪 90 年代,随着大规模并行计算机的发展及气象科技的进步,1992 年 12 月欧洲中期天气预报中心(European Centre for Medium-Range Weather Forecasts,ECMWF)和美国国家环境预报中心(National Centre for Environment Prediction,NCEP)首先在业务上运行集成预报,20 世纪 90 年代末以来,多模式多分析初值的超级集成预报得到了一定的应用和发展。利用这种方法通过收集所有模式的信息并进行统计运算,可以弥补初始场的不确定性和模式的不完善性,以获得更佳的预报效果。Krishnamulti 等(1999,2000)和 Yun 等(2003)利用多元回归和奇异值分解等方法对 AMIP 的若干个全球模式结果进行集成,得到了比较好的效果,结果表明多模式集成优于单模式。Palmer 等(2000)在季节预报方面进行多模式集成预报试验,也提高了预报的准确率。许多试验结果均显示,采用多模式集成预报方法是在现行模式、现行计算机资源下,获得最佳预报效果的有效办法。

在模式集成中,如果所用集成方法不同,结果就不同,集成方法包括算术平均法、加权平均法、多元线性回归法及奇异值分解法。本文利用算术平均法对上述模式进行了集成。算术平均法是直接利用各个模式模拟结果进行算术平均集成,其计算公式如下:

对于每一个空间网格点,设第 I 个模式在 t 时刻的模拟结果为

$$M_{it},(i=1,2,\cdots,N),N\ 为模式总数$$

则 t 时刻算术平均集成结果为

$$S_t = \frac{1}{N}\sum_{i=1}^{N}M_{it}$$

多模式集合模拟的我国冬小麦产区未来 100 a 年平均气温变率见图 3.21(a),由图知,我国冬小麦产区未来 100 a 呈增温趋势,增温幅度为 4.0～4.6 ℃·(100 a)$^{-1}$,其中北部麦区增温幅度较大,如河北、山西、陕西东北部增温幅度达到 4.4～4.6 ℃·(100 a)$^{-1}$,从北向南增温幅度依次减小,如江苏南部、贵州、云南东部气温增幅一般为 4.0～4.2 ℃·(100 a)$^{-1}$。图 3.21(b)是模拟的 2001—2100 年南北麦区年平均气温变化曲线图,图 3.21(b)中年平均气温的变化趋势与图 3.21(a)中年平均气温的变化趋势一致,南北麦区未来 100 a 气温增幅分别为 4.3 和 4.4 ℃·(100 a)$^{-1}$。

图 3.22(a)是多模式集合模拟的我国冬小麦产区冬小麦生长发育期间(北方上年 10 月至当年 6 月,南方上年 11 月至当年 5 月)平均气温变率区域分布图,由图可以看出,生育期平均气温变化幅度为 3.8～4.6 ℃·(100 a)$^{-1}$,并且北方的河北、山西、山东北部及南方的云南等地气温增加较多,一般为 4.3～4.6 ℃·(100 a)$^{-1}$,但云南东部、贵州、湖北、安徽、江苏等地气温升幅相对较小,一般为 3.8～4.1 ℃·(100 a)$^{-1}$。图 3.22(b)为 2001—2100 年南北麦区生育期平均气温随时间变化序列图,由图显示,南方麦区生育期平均气温升高幅度为 4.2 ℃·(100 a)$^{-1}$,北方麦区生育期平均气温升高幅度达 4.5 ℃·(100 a)$^{-1}$。平均气温大幅升高一定会对冬小麦生育期如开花期、成熟期(即产量)造成影响。

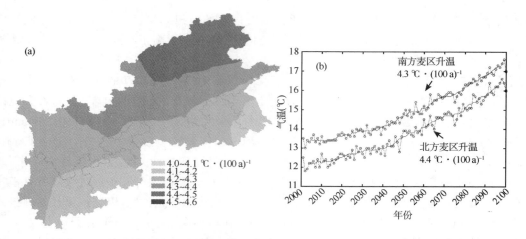

图 3.21   多模式集合模拟的我国冬小麦产区 2001—2100 年(a)年平均气温变率区域分布及
(b)年平均气温随时间变化图

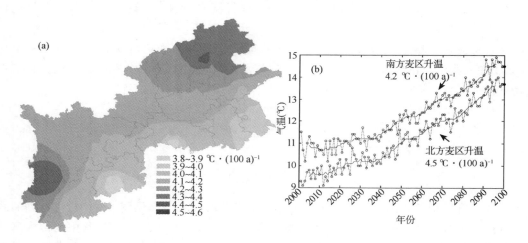

图 3.22   多模式集合模拟的我国冬小麦产区 2001—2100 年(a)生育期平均气温变率
区域分布及(b)生育期平均气温随时间变化图

图 3.23(a)是多模式集合模拟的 2001—2100 年我国冬麦区年降水量变率区域分布图,由图可以看出,未来 100 a 整个冬小麦产区降水量呈增多趋势,年降水量增加幅度为 192～402 mm·(100 a)$^{-1}$,其中北方麦区降水量增加较少,河北、山西、陕西降水量一般将增加 192～260 mm·(100 a)$^{-1}$,而四川南部、云南、山东南部、江苏北部、安徽北部等地年降水量增加较多,一般为 290～402 mm·(100 a)$^{-1}$。图 3.23(b)是 2001—2100 年南北麦区年降水量随时间变化图,可以看出,总体上,南北麦区年降水量都呈增多趋势,但 2001—2030 年南北麦区年降水量呈减少趋势,北方麦区减少 2.4 mm·a^{-1},南方麦区减少 1.5 mm·a^{-1}。北方麦区特别是 2010—2030 年,年降水量比前 10 a 明显减少,2030 年以后年降水量明显增多。

多模式集合模拟的我国冬小麦产区 2001—2100 年冬小麦生育期降水量变率区域分布及生育期降水量随时间变化趋势见图 3.24(a)和(b),整个冬麦区生育期降水量全部呈增多趋势,其中四川、云南、贵州及河北大部降水量增加较少,一般为 68～140 mm·(100 a)$^{-1}$,但山西、陕西、山东、河南、湖北、安徽和江苏降水量增加较多,一般为 140～202 mm・(100 a)$^{-1}$。图 3.24(b)显示南方和北方麦区生育期降水量全部呈增多趋势,南方麦区平均每年增加 1.3 mm,北方麦区平均每年增加 1.6 mm。但北方麦区 2010—2030 年比前 10 a 呈明显减少趋势。

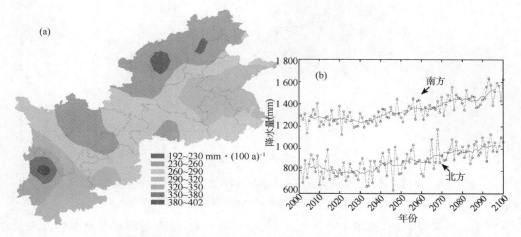

图 3.23　多模式集合模拟的我国冬小麦产区 2001—2100 年(a)年降水量变率区域分布及(b)年降水量随时间变化图

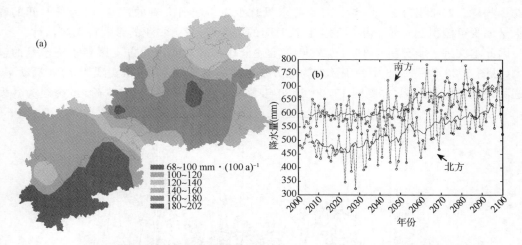

图 3.24　多模式集合模拟的我国冬小麦产区 2001—2100 年(a)生育期降水量变率区域分布及(b)生育期降水量随时间变化图

图 3.25 是多模式集合模拟的我国冬小麦产区 2001—2100 年春季降水量变率区域分布及春季降水量随时间变化图。图 3.25(a)显示冬麦区春季降水量增加幅度为 43～147 mm・(100 a)$^{-1}$。其中,河北、四川东部、云南西部、贵州春季降水量增加较少,一般为 43～80 mm・(100 a)$^{-1}$,山东南部、河南、江苏、安徽、湖北、云南西北部春季降水量增加较多,为 100～147 mm・(100 a)$^{-1}$。图 3.25(b)为南北冬麦区春季降水量随时间变化曲线,总体上,南北麦区春季降水量呈上升趋势,但北方麦区 2015—2035 年春季降水量明显减少,其中 2016—2025 年春季降水量比 2001—2010 年平均值减少 20%,2026—2035 年春季降水量比

2001—2010 年平均值减少 30%。

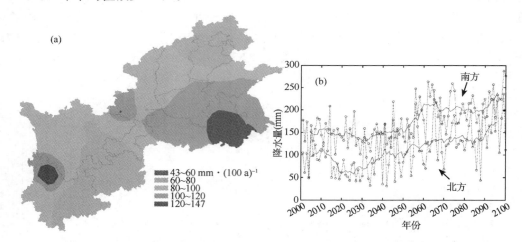

图 3.25　多模式集合模拟的我国冬小麦产区 2001—2100 年(a)春季降水量变率
区域分布及(b)春季降水量随时间变化图

　　从以上分析可以看出,我国冬麦区未来 100 a 年降水量、生育期降水量及春季降水量总体上呈增多趋势,但北方冬麦区生育期降水量和春季降水量在 2015—2035 年可能减少,特别是春季降水量减少可能较多。高庆先等(2002)通过研究也发现未来 30 a 我国华北地区降水将呈减少趋势。21 世纪 20—30 年代春季降水量减少应引起研究者的注意,因为长时间的春季降水量偏少可能引起春季干旱的发生和长时间的持续,对我国农业的影响将无法估计。

　　因此本文进一步分析了 1961—2000 年上述全球模式对我国北方麦区春季降水量的模拟能力(见图 3.26),图 3.26 中的细实线为北方麦区实际春季降水量,粗实线为 10 a 滑动平均,从这两条线可以看出,北方麦区 1970—1980 年春季降水是一个明显减少阶段;虚线为各模式

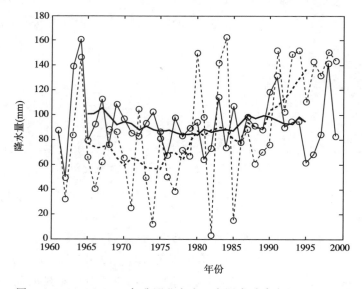

图 3.26　1961—2000 年我国北方麦区实际春季降水量(实线)和全
球模式(GCMs)集合模拟的春季降水量(虚线)

集合模拟的春季降水量,粗虚线为 10 a 滑动平均,从这两条线可以看出,上述全球模式集合结果基本上模拟出了 1970—1980 年春季降水量减少的趋势。因此,我们可以认为全球模式集合模拟对北方麦区春季降水趋势有一定的模拟能力,全球模式集合模拟的结果是可信的,这也说明全球模式集合模拟的 2015—2035 年我国北方麦区春季降水量的减少趋势基本上是可信的。

多模式集合模拟出了我国北方麦区 1970—1980 年春季降水量减少趋势,而且多模式集合模拟发现 2015—2035 年我国北方麦区春季降水量可能偏少,因此本文进一步研究上述 5 个全球模式模拟北方麦区的未来 100 a 春季降水量(见图 3.27)。由图 3.27 可以看出,GFDL-CM2 模式模拟的 2015—2030 年春季降水量有一个明显的比其他年份减少的趋势,其中 2015—2024 年春季降水量比 2001—2010 年减少了 48%。HADCM3 气候模式模拟发现,2015—2035 年春季降水量比其他年份偏少较多,其中 2015—2035 年春季降水量比 2001—2010 年平均减少了 40%。MPI_ECHAM5 气候模式模拟的春季降水量 2015—2030 年也存在一个弱的

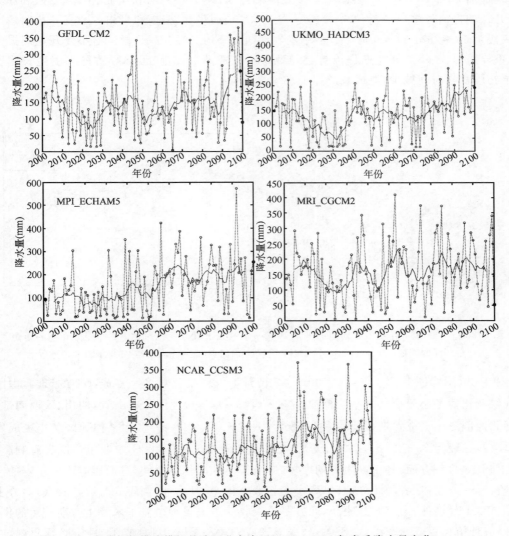

图 3.27　全球气候模式模拟的我国北方麦区 2001—2100 年春季降水量变化

减少趋势,比 2001—2010 年春季降水量平均减少 22%。MRI_CGCM2 气候模式模拟的春季降水量在 2015—2035 年存在一个明显的谷值,说明这一时段春季降水量比其他年份偏少,其中比 2001—2010 年平均减少 36%。

3.3.1.2　A2 情景下气候变化对农业的影响

在假定未来 100 a 冬小麦作物品种不变、土壤的物理和化学性质不变及冬小麦的耕作管理措施不变的情况下(WOFOST 作物模型中的作物参数、土壤参数和管理参数不变),利用 5 个全球气候模式集合模拟的未来 100 a 气候情景驱动作物模型,模拟未来气候变化对我国冬小麦生长发育、产量的影响,以及干旱对产量的影响。

3.3.1.2.1　A2 情景下气候变化对冬小麦生长发育的影响

通过 WOFOST 作物模型模拟发现,未来 100 a A2 情景下的气候变化使我国冬小麦开花期平均提前 26 d·(100 a)$^{-1}$(见图 3.28 及附彩图 3.28),其中四川、湖北、河南、安徽和江苏冬小麦开花期提前较多,一般为 26～34 d·(100 a)$^{-1}$,而华北、云南和贵州冬小麦开花期缩短较少,一般为 14～26 d·(100 a)$^{-1}$。冬小麦生育期内平均气温升高是导致冬小麦开花期提前的一个重要原因,冬小麦开花期提前势必导致冬小麦成熟期提前,最终导致冬小麦生长速度过快,干物质积累时间减少,造成减产。

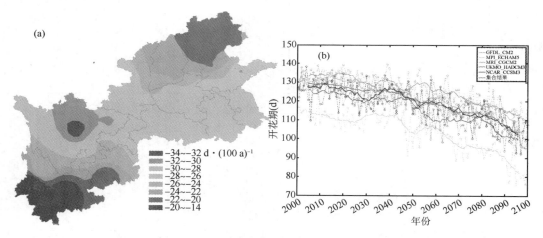

图 3.28　WOFOST 作物模型模拟的未来 100 a A2 情景下气候变化对我国冬小麦开花期的影响
(a)集合结果的区域分布;(b)5 个气候模式模拟的时间变化趋势和集合结果的时间变化趋势

图 3.29(附彩图 3.29)是未来 100 a A2 情景下气候变化对冬小麦成熟期的影响,由图可见,气候变化使冬小麦成熟期平均提前 27 d·(100 a)$^{-1}$,从地区分布上看,四川、陕西南部、重庆、湖北西部冬小麦成熟期提前较多,一般为 28～39 d·(100 a)$^{-1}$,而其他地区冬小麦成熟期缩短较少,一般为 20～28 d·(100 a)$^{-1}$。冬小麦生育期的缩短,对于农业生产既有有利影响,也有不利影响,一方面,冬小麦生育期缩短,影响了干物质积累时间,进而影响了冬小麦的产量和品质;另一方面,在我国北方地区,冬小麦一般上年 10 月播种,当年 6 月成熟收获,南方麦区一般上年 11 月播种,当年 5 月收获,北方冬小麦收获后一般种植夏玉米等生育期较短的作物,南方一般种植大豆或一季稻,由于大豆、夏玉米或一季稻要求 10 月或 11 月份必须收割,以便冬小麦播种,因此这段时间生长期较短,大豆、夏玉米或一季稻经常收获时还没有完全成熟,气

候变化缩短了冬小麦的生长期,大豆、夏玉米或一季稻等作物就会有更长的生长期进行生长,从这方面讲,气候变暖对这些作物是有利的。

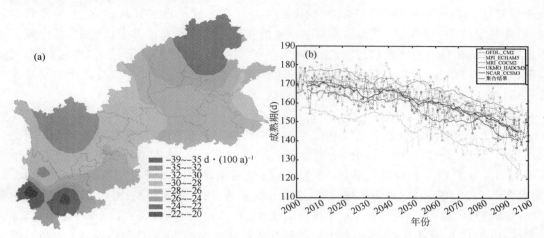

图 3.29　WOFOST 作物模型模拟的未来 100 a A2 情景下气候变化对我国冬小麦成熟期的影响
(a)集合模拟的区域分布;(b)5 个气候模式模拟的时间变化趋势和集合结果的时间变化趋势

3.3.1.2.2　A2 情景下气候变化对冬小麦潜在产量的影响

(1)不考虑 CO_2 的肥效作用

假设 WOFOST 作物模型模拟的冬小麦潜在产量只受到气温、日照、风速等气象要素的影响,不受降水多少的制约,并且假设降水能够满足冬小麦生长发育的需要,不存在水分胁迫。未来 100 a A2 情景下气候变化对冬小麦潜在产量的影响见图 3.30(附彩图 3.30)。由图 3.30看出,除局部麦区如江苏、安徽南部、云南西部冬小麦潜在产量略有增加外,大部地区呈减产趋势,一般减产 10%～20%,其中北方大部麦区及四川减产较多,一般减产 15%～23%。总体上,冬小麦潜在产量平均减少 14.3%。可以看出,在 A2 情景下气候变化对北方麦区冬小麦潜在产量影响较大,由于冬小麦潜在产量主要受到气温的影响,因此北方冬小麦潜在产量的减少

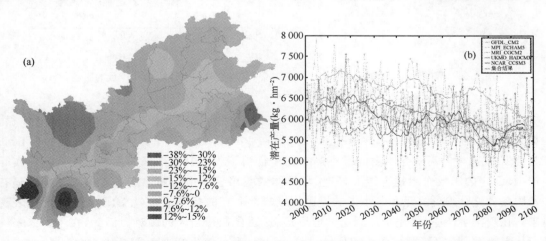

图 3.30　WOFOST 作物模型模拟的未来 100 a A2 情景下气候变化对我国冬小麦潜在产量的影响
(a)集合结果的区域分布;(b)5 个气候模式模拟的时间变化趋势和集合结果的时间变化趋势

主要是由于北方未来 100 a 气温升高较多造成的。因此可以得出结论,未来 100 a 气温升高对南北麦区冬小麦产量都会造成不利影响,但北方麦区的不利影响比南方麦区的大。本书 3.2 节中研究过 1961—2000 年气温升高对我国北方麦区冬小麦产量有有利影响,进一步研究发现,随着气温的进一步升高,气温升高对冬小麦潜在产量的影响与南方麦区相似,都出现了不利影响,因此,在目前的气候状态下,气温对冬小麦的生长发育和产量形成是基本有利的,气候变暖、气温的持续升高,总体而言对冬小麦的生长是不利的,即温度的持续升高无论是在北方麦区还是南方麦区都已经超出冬小麦生长发育的最适范围。

(2)考虑 CO_2 的肥效作用

CO_2 的直接影响是指由于大气中 CO_2 浓度的增加对农作物生长、发育和产量形成产生的可能影响。CO_2 是作物光合作用的主要物质来源,大气中 CO_2 浓度增加对冬小麦产量的形成是有利的。考虑 CO_2 直接影响后,未来 100 a 气候变化对冬小麦潜在产量的影响见图 3.31(附彩图 3.31)。图 3.31(a)为区域分布,未来 100 a 河北、山西东部、云南西部和贵州冬小麦潜在产量呈减少趋势,一般减产 0~20%。图 3.31(b)为时间分布,大约以 2060 年为界,2060 年之前,由于 CO_2 浓度升高,冬小麦潜在产量呈增多趋势;2060 年之后冬小麦潜在产量呈减少趋势。这说明 2060 年之前,CO_2 浓度升高对冬小麦潜在产量有有利影响,而且这种有利影响大于气温升高产生的不利影响,但到 2060 年之后,CO_2 浓度升高对冬小麦的有利影响逐渐小于气温带来的不利影响,冬小麦的潜在产量呈减少趋势。

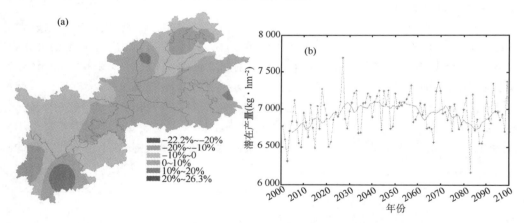

图 3.31　WOFOST 作物模型模拟的未来 100 a 气候变化对冬小麦潜在产量的影响
(含 CO_2 肥效作用)(a)区域分布;(b)时间分布

由以上分析可以得出结论,如果不考虑 CO_2 的肥效作用,冬小麦的减产趋势将非常明显,但如果考虑 CO_2 的肥效作用,冬小麦潜在产量在 2060 年之后仍呈减产趋势,这说明在 2060 年之前 CO_2 浓度升高对冬小麦的有利影响完全抵消了气温升高带来的不利影响。但在实际生产中,CO_2 的肥效作用是否能够显现,与具体的栽培管理措施和水肥条件密切相关。只有在水肥条件充分得到满足和冬小麦的周边环境非常适宜的条件下,CO_2 的肥效作用才能表现出来。在现实生产中,要完全达到这种理想状态,还存在相当大的困难。因此,在考虑未来气候变化影响时,对 CO_2 肥效作用的评估只是一种参考,具体生产中还要有保守的考虑。

3.3.1.3　A2 情景下气候变化对冬小麦雨养产量的影响

　　WOFOST 作物模型模拟的冬小麦雨养产量主要受到气温、降水、日照等气象要素的影响,它与潜在产量重要的区别是后者不受降水的影响。在我国北方地区,经常发生干旱,因此降水对冬小麦雨养产量的影响较大。图 3.32(附彩图 3.32)就是未来 100 a A2 情景下气候变化对我国冬小麦雨养产量的影响。由图 3.32 可以看出,未来 100 a,南方麦区冬小麦雨养产量减产 5.8%,并且雨养产量变化比较平稳。南方麦区冬小麦雨养产量主要受到气温、日照的影响,由于大部分地区干旱发生频率小,因而降水对冬小麦产量影响较小。因此,南方麦区冬小麦产量的减少主要是由于气温升高造成的。北方麦区冬小麦雨养产量未来 100 a 将减产16.6%,并且在 2015—2035 年冬小麦雨养产量有一个明显的谷值,北方冬小麦雨养产量除了受到气温、日照影响外,更重要的还在很大程度上受到降水的影响。2015—2035 年由于气温没有太大变化,因此,这一时段冬小麦雨养产量的谷值是降水偏少引起的。由图 3.32(a)也可以看出,北方地区除山东以外冬小麦雨养产量全部呈减少趋势,特别是河北地区冬小麦雨养产量将减少更多。

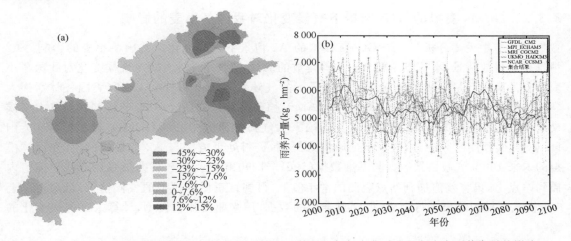

图 3.32　WOFOST 作物模型模拟的未来 100 a A2 情景下气候变化对我国冬小麦雨养产量的影响
(a)集合结果的区域分布;(b)5 个气候模式模拟的时间变化趋势和集合结果的时间变化趋势

3.3.1.4　A2 情景下北方地区干旱对冬小麦产量的影响

　　由于冬小麦潜在产量主要受到气温、日照等气象要素的影响,而冬小麦雨养产量除了受到上述气象因子的影响外,还受到降水的影响,因此冬小麦潜在产量与雨养产量的差值即为降水在冬小麦产量中的作用,差值越大,说明干旱对冬小麦产量的影响越严重。图 3.33 为未来100 a 干旱对冬小麦产量的影响,图中最明显的特征是未来 100 a 干旱对冬小麦的产量影响没有增加趋势,但是在 2015—2035 年间干旱使冬小麦大幅减产,主要是因为这段时间春季降水量大幅减少造成的。北方地区冬小麦产量对春季降水非常敏感,因为一般的年份,春季降水量基本不能满足冬小麦生长发育的需要,春季降水量略有减少,就会对冬小麦产量造成很大影响。2015—2035 年干旱对冬小麦产量影响很大,将使冬小麦平均减产 22.5%。

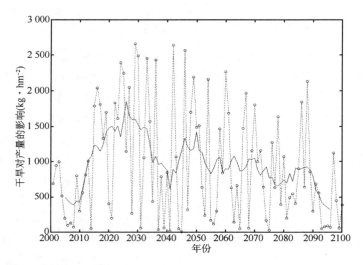

图 3.33   WOFOST 作物模型模拟的未来 100 a A2 情景下干旱对我国冬小麦产量的影响

3.3.2   GCMs 模拟的 A1B 情景下气候变化对我国冬小麦的影响

上一节中主要分析了 5 个 GCMs 模拟的 A2 情景下气候变化对我国冬小麦的影响。A2 情景是高排放情景,本节将主要分析中等排放的 A1B 情景下未来 100 a 气候变化对我国冬小麦生长发育和产量形成的影响。A1B 情景下的气候数据仍由 GFDL_CM2(美国普林斯顿大学地球物理流体动力实验室),MPI_ECHAM5(德国马普研究所),MRI_CGCM2(加拿大气候模式与分析中心),NCAR_CCSM3(美国国家大气科学研究中心),UKMO_HADCM3(英国 Hadly 气候预测研究中心)这 5 个全球模式提供,资料处理方法与 A2 情景相同,首先计算模拟的未来 100 a 气候情景数据与基准数据(1961—1990 年)的差值,将差值采用双线性插值内插到站点上,再将差值加到站点观测的常年值上,得到订正后的模拟的气候情景,最后对以上 5 个模式的模拟结果进行合成,得到集合后的数据,用来驱动作物模型,计算未来气候变化的影响。

3.3.2.1   A1B 情景下的气候变化

在利用处理好的气象数据驱动作物模型之前,本文首先分析了未来 100 a 各气候模式模拟的冬小麦生育期内平均气温、降水量及春季降水量的变化趋势。

3.3.2.1.1   GFDL-CM2 模拟的未来 100 a A1B 情景下的气候变化

图 3.34(a)为未来 100 a 冬小麦生育期内北方麦区和南方麦区平均气温的变化图,图中实线为 10 年滑动平均。由图可以看出,未来 100 a 北方麦区生育期平均气温升高 3.5 ℃。南方麦区生育期平均气温 21 世纪末可能升高 3.4 ℃。南北麦区平均气温升高幅度相当。

图 3.34(b)为未来 100 a 冬小麦生育期降水量变化图,由图可以看出,南方麦区生育期降水量没有明显的变化趋势,北方麦区略有增多趋势,但波动性比较大。例如,2020—2030 年生育期平均降水量曲线明显比其他年份少,这段时间的平均降水量为 483 mm,比 2001—2100 年的平均值偏少 13.6%。

图 3.34(c)为未来 100 a 春季(3—5 月)降水量随时间的变化图,图中显示南方麦区春季降水量没有明显的变化趋势,北方麦区降水量虽然也没有明显的上升或下降趋势,但显示了比

较明显的波动性。例如,2010—2025 年降水量呈峰值,但随后的 2025—2035 年的降水量存在一个明显的谷值,2025—2035 年的平均降水量比 2010—2025 年的平均降水量减少了 21.2%。2025 年以后,北方麦区春季降水量呈增多趋势,2070—2080 年春季降水量明显增多。

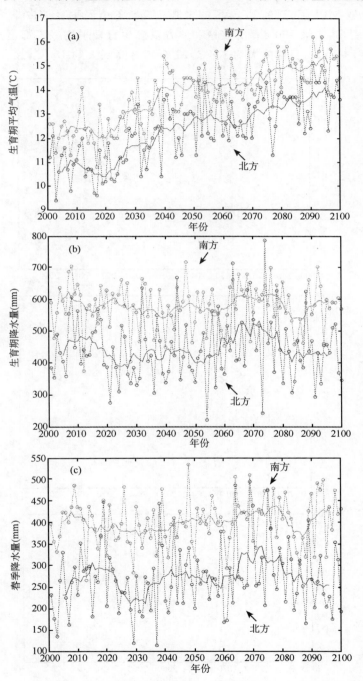

图 3.34　GFDL-CM2 模拟的冬小麦产区未来 100 a A1B 情景下
(a)生育期平均气温、(b)生育期降水量和(c)春季降水量变化图

总体上,冬小麦生育期内平均气温呈明显增加趋势,增温幅度一般为 $3.5\ \text{℃} \cdot (100\ \text{a})^{-1}$ 左右,降水量变化趋势不显著,但春季降水量大约在 2025—2035 年明显减少。

3.3.2.1.2 MPI_ECHAM5 模拟的未来 100 a A1B 情景下的气候变化

图 3.35(a)是 MPI_ECHAM5 模拟的未来 100 a 冬小麦生育期内平均气温变化图,由图 3.35(a)可以看出,未来 100 a 南方麦区和北方麦区生育期平均气温都呈持续升高趋势,南方麦区生育期平均气温由目前的大约 13 ℃,2100 年升高到大约 18 ℃,北方麦区生育期平均

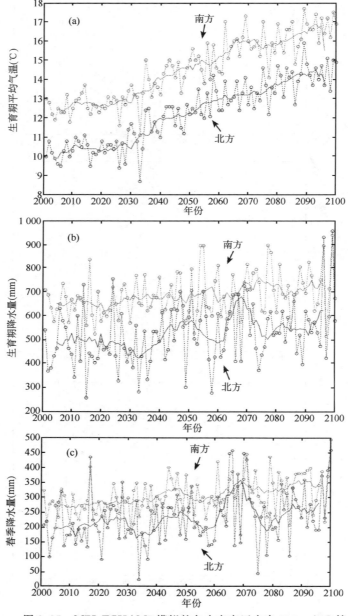

图 3.35 MPI_ECHAM5 模拟的冬小麦产区未来 100 a A1B 情景下(a)生育期平均气温、(b)生育期降水量和(c)春季降水量变化图

气温由目前的大约 12 ℃,2100 年可能升高到 17 ℃,南北麦区升温幅度相当。

图 3.35(b)是 MPI_ECHAM5 模拟的未来 100 a 冬小麦生育期内降水量变化图,由图 3.35(b)可以看出,整体上,南方麦区生育期降水量呈明显增加趋势,100 a 增加幅度为 13%,北方麦区整体上亦呈增加趋势,增加幅度为 15%,但北方麦区降水波动性明显,例如 2030—2040 年生育期降水量有一个明显的谷值,但 2045—2050 和 2065—2070 年则存在明显的峰值。

图 3.35(c)是 MPI_ECHAM5 模拟的春季降水量变化图,南方麦区春季降水量呈增加趋势,增加幅度为 18%;北方麦区春季降水量也呈增加趋势,增加幅度为 28%。但北方麦区春季降水量存在明显的波动性,2030—2040 年春季降水量明显减少,比 2020—2030 年平均值减少 11%。

总体上,MPI_ECHAM5 模拟的未来 100 a 生育期平均气温在北方麦区和南方麦区都呈持续升高趋势,且升温幅度基本一致;生育期降水量在北方麦区和南方麦区都呈增多趋势,增加幅度也基本一致,但北方麦区波动性明显;春季降水量北方麦区和南方麦区都呈增加趋势,但北方麦区整体上增加幅度较大,同时北方麦区 2030—2040 年降水量可能偏少。

3.3.2.1.3　MRI_CGCM2 模拟的未来 100 a A1B 情景下的气候变化

图 3.36(a)是 MRI_CGCM2 模拟的未来 100 a A1B 情景下冬小麦生育期平均气温变化图,由图 3.36(a)可以看出,南方麦区生育期平均气温持续上升,但到 2070 年之后气温趋于平稳,升温幅度明显变小,可能的原因是 A1B 情景下 2070 年之后 CO_2 排放量逐渐减少,总体上,南方麦区升温幅度有 3.7 ℃·$(100\ a)^{-1}$。北方麦区生育期平均气温也呈持续升高趋势,2070 年之后气温也趋于平缓,与南方麦区相似,升温幅度有 3.9 ℃·$(100\ a)^{-1}$,与南方麦区基本一致。

图 3.36(b)是 MRI_CGCM2 模拟的未来 100 a A1B 情景下冬小麦生育期降水量随时间变化情况,南方麦区生育期降水量呈增多趋势,未来 100 a 可能增加 10.7%;北方麦区生育期降水量也呈增加趋势,未来 100 a 可能增加 19.9%,但波动性很大,例如 2010—2020 和 2030—2040 年降水量偏少,分别比 2001—2010 年偏少 12% 和 10%。

图 3.36(c)是 MRI_CGCM2 模拟的未来 100 a A1B 情景下春季降水量随时间变化图,南方麦区和北方麦区春季降水量都呈增加趋势,增加幅度分别为 72 和 55 mm·$(100\ a)^{-1}$。如前文所述,由于春季降水量对于冬小麦意义较大,因此本文进一步研究了春季降水量偏少的时段,由图 3.36(c)可见,北方麦区 2010—2020 年前后和 2030—2040 年前后,春季降水量明显偏少,分别比 2001—2005 年平均偏少 59 mm(19%)和 56 mm(18%)。

通过以上分析,南方麦区和北方麦区生育期平均气温未来 100 a 平均升高 3.7 和 3.9 ℃,但 2070 年以后气温升高幅度较小,可能与假设 CO_2 排放减少有关。生育期降水量和春季降水量南北麦区未来 100 a 整体上呈增多趋势,但 2010—2020 和 2030—2040 年春季降水量明显偏少。

3.3.2.1.4　UKMO_HADCM3 模拟的未来 100 a A1B 情景下的气候变化

图 3.37(a)是 UKMO_HADCM3 模拟的 A1B 情景下生育期平均气温随时间变化图,图 3.37(a)中显示北方麦区和南方麦区生育期平均气温在 2001—2030 年间升高幅度不大,在 2030—2080 年持续升高,2080 年以后都有下降趋势,可能与 A1B 情景下的 CO_2 排放量有关。总体上,南方麦区和北方麦区生育期平均气温分别将升高 4.3 和 4.4 ℃·$(100\ a)^{-1}$。

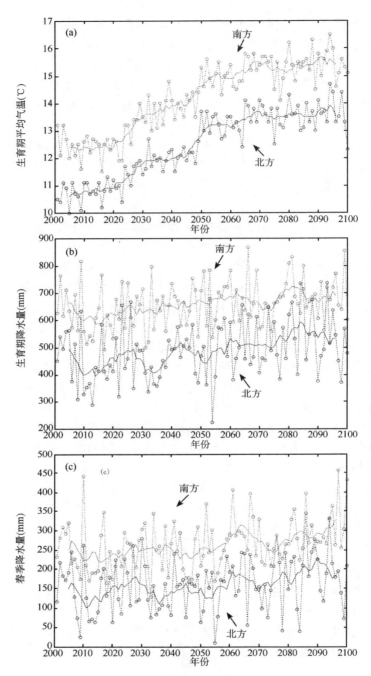

图 3.36   MRI_CGCM2 模拟的冬小麦产区未来 100 a A1B 情景下
(a)生育期平均气温、(b)生育期降水量和(c)春季降水量变化图

　　图 3.37(b)是 UKMO_HADCM3 模拟的 A1B 情景下未来 100 a 生育期降水量变化图，图 3.37(b)中南方麦区生育期降水量呈明显增多趋势，增加幅度为 147 mm·(100 a)$^{-1}$，北方麦区生育期降水量也呈增加趋势，但增加幅度较南方麦区小，平均为 60 mm·(100 a)$^{-1}$。另外，北方麦区生育期降水量大约在 2025—2035 年有一个谷值，降水量偏少，比 2001—2010 年

平均偏少 9%。

图 3.37(c) 是 UKMO_HADCM3 模拟的 A1B 情景下春季降水量变化图,图 3.37(c) 显示南方麦区春季降水量呈增加趋势,增加幅度为 75 mm·(100 a)$^{-1}$;北方麦区春季降水量整体上没有增加趋势,而且 2025—2035 年春季平均降水量比 2001—2010 年平均值偏少 16%。

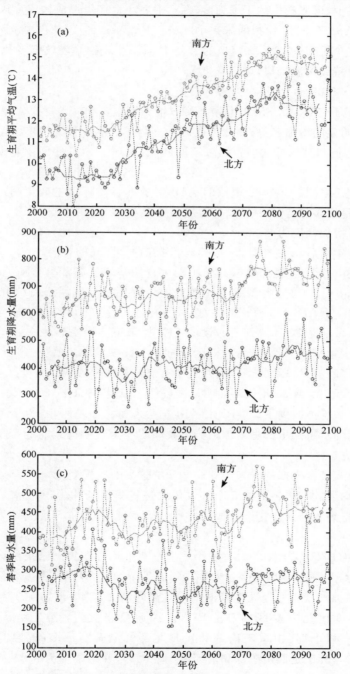

图 3.37　UKMO_HADCM3 模拟的冬小麦产区未来 100 a A1B 情景下
(a)生育期平均气温、(b)生育期降水量和(c)春季降水量变化图

总体上,UKMO_HADCM3 模拟的 A1B 情景下生育期平均气温呈增加趋势,一般增加 4.3～4.4 ℃·(100 a)$^{-1}$,但 2080 年以后生育期平均气温都有下降趋势;生育期降水量南方麦区和北方麦区都呈增加趋势;春季降水量南方麦区呈增加趋势,北方麦区整体上没有增加趋势,而且在 2025—2035 年春季降水量可能偏少。北方麦区在生育期降水量没有增加的趋势下,春季降水量减少,可能产生的干旱强度较强,对冬小麦产量形成构成直接威胁。

3.3.2.1.5   NCAR_CCSM3 模拟的未来 100 a A1B 情景下的气候变化

图 3.38(a)是 NCAR_CCSM3 模拟的 A1B 情景下生育期平均气温变化图,图中显示未来 100 a 南方麦区呈持续增温趋势,增温幅度为 3.0 ℃·(100 a)$^{-1}$,北方麦区亦呈增温趋势,增温幅度为 2.8 ℃·(100 a)$^{-1}$,比南方略低一些。

图 3.38(b)是 NCAR_CCSM3 模拟的 A1B 情景下生育期降水量变化图,图中南方麦区生育期降水量没有明显的增加趋势;而北方麦区生育期降水量呈明显的增加趋势,未来 100 a 增加幅度为 15.8%,但与其他模式模拟结果不同的是,2010—2040 年间生育期降水量没有明显的谷值。

图 3.38(c)是 NCAR_CCSM3 模拟的 A1B 情景下春季降水量变化图,由图可看出,春季降水量南方麦区呈增多趋势,未来 100 a 增加幅度为 41.7 mm·(100 a)$^{-1}$,北方麦区春季降水量也呈增多趋势,增加幅度为 67.2 mm·(100 a)$^{-1}$。与上述其他气候模式模拟结果相似,春季降水量在 2010 年前后和大约 2025—2035 年存在两个明显的谷值。

总体上,上述 5 个气候模式模拟的冬小麦生育期平均气温都呈增加趋势,但增温幅度不同,变化范围为 2.8～5.1 ℃,大多数模式模拟的生育期平均气温呈持续升高趋势,但 MRI_CGCM2 和 UKMO_HADCM3 模拟的生育期平均气温大约在 2070—2080 年以后不再持续升高或有降低趋势,可能与 A1B 情景下假设的 CO_2 排放减少有关。大多数气候模式模拟的南北麦区生育期降水量呈增多趋势,南北麦区春季降水量也呈增多趋势,这与模拟的未来 100 a 全国降水量呈增多趋势是一致的。但是几乎所有气候模式模拟的北方麦区春季降水量波动性较大,并且在 21 世纪 20 或 30 年代存在明显的谷值。21 世纪 20 或 30 年代的春季平均降水量比 2001—2010 年平均值减少了 10% 以上。南方麦区和北方麦区相比,生育期平均气温升高幅度相近,生育期降水量几乎都呈增加趋势。具体的 5 个气候模式的综合气候背景将在下一节中具体分析研究。

3.3.2.1.6   多模式集合模拟的未来 100 a A1B 情景下的气候变化

采用算术平均数的方法将上述 5 个气候模式进行集合计算(与 A2 情景下的数据处理方法相同),计算后得到的结果首先进行气候情景分析,然后利用集合后的结果驱动作物模型进行评估研究。

图 3.39(a)和(b)(附彩图 3.39)是冬小麦生育期平均气温集合结果的区域分布和时间分布图。由图 3.39(b)可见,冬小麦生育期平均气温呈持续升高趋势,南方麦区生育期平均气温升高 4.0 ℃·(100 a)$^{-1}$,北方麦区生育期平均气温升高 3.9 ℃·(100 a)$^{-1}$,南方麦区生育期平均气温升高幅度比北方麦区略高一些。从区域分布上看,南方大部麦区升温幅度在 3.8 ℃·(100 a)$^{-1}$ 以上,其中重庆南部和贵州北部气温升高最多,气温升高幅度达 4.0～4.4 ℃·(100 a)$^{-1}$,其次是四川东部和南部及湖北西部,升温幅度为 3.9～4.0 ℃·(100 a)$^{-1}$。云南和浙江升温幅度较小,为 3.5～3.7 ℃·(100 a)$^{-1}$。北方麦区升温幅度较小,一般为 3.6～3.8 ℃·(100 a)$^{-1}$,但陕西西部、河南南部地区升温幅度较大。

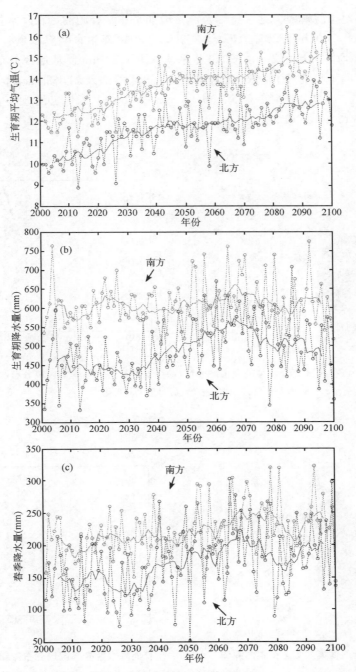

图 3.38　NCAR_CCSM3 模拟的冬小麦产区未来 100 a A1B 情景下
(a)生育期平均气温、(b)生育期降水量和(c)春季降水量变化图

　　图 3.40(a)和(b)(附彩图 3.40)是冬小麦生育期降水量集合结果的区域分布和时间分布图。图中显示,南方麦区生育期降水量呈增加趋势,未来 100 a 南方麦区生育期降水量增幅为 69 mm・(100 a)$^{-1}$。北方麦区降水量也呈增加趋势,未来 100 a 降水量增幅为 84 mm・(100 a)$^{-1}$。由于北方麦区目前降水量基本不能满足冬小麦生长发育的需要,因此总

体上降水量增多对于缓解北方地区干旱及产量增加是非常有利的。在降水量整体上呈增多趋势的背景下,由图 3.40(b)可以看出,大约在 2025—2040 年生育期降水量有一个明显的谷值,2025—2040 年平均降水量比 2001—2010 年平均减少了 34 mm。从地区分布(图 3.40(a))上,降水量增加最多的地区是山西、陕西、河南西部、湖北西部及四川北部,降水量增幅为 80~100 mm·(100 a)$^{-1}$,其他地区一般为 40~60 mm·(100 a)$^{-1}$,但云南地区生育期降水量增加较少,一般为 5~40 mm·(100 a)$^{-1}$。

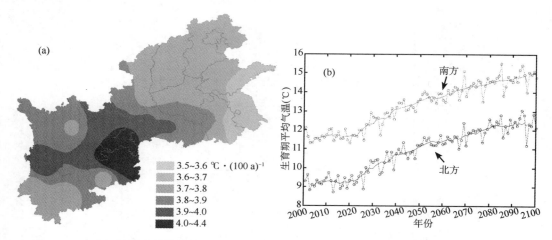

图 3.39　5 个气候模式集合模拟的我国冬麦区(a)生育期平均气温变率区域分布图和
(b)生育期平均气温随时间变化图

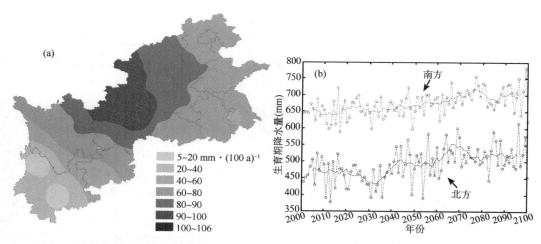

图 3.40　5 个气候模式集合模拟的我国冬麦区(a)生育期降水量变率区域分布图和
(b)生育期降水量随时间变化图

　　图 3.41(a)和(b)(附彩图 3.41)是我国冬麦区春季降水量时间和空间分布图,由图 3.41可以看出,我国南方麦区和北方麦区春季降水量整体上都呈增加趋势,南方麦区春季降水量未来 100 a 增幅为 61 mm·(100 a)$^{-1}$,北方麦区未来 100 a 增幅为 48 mm·(100 a)$^{-1}$,目前北方麦区春季降水量一般不能满足冬小麦正常生长发育的需要,春季降水量整体上增加对于缓解春季干旱,减少冬小麦的损失非常有利。但 2025—2040 年春季降水量有一个明显的谷值,比

2001—2010 年春季降水量平均减少了 15 mm(15%)，北方麦区对春季降水比较敏感，如果春季降水量减少，没有相应的灌溉措施，将对冬小麦的产量产生很大的影响。从地区分布图 3.41(a)上看，春季降水量在陕西、四川、重庆、湖北、安徽、浙江增加较多，而河北、山西、云南春季降水量增加较少。在前一节的分析中 A2 情景下 5 个气候模式模拟的春季降水量谷值出现在 2015—2035 年，比 A1B 情景模拟的春季降水量降水减少时段长，降水量减少幅度也比 A1B 情景小。A2 情景下 2015—2035 年春季降水量减少 20%～30%，A1B 情景下 2025—2040 年春季降水量减少 15%。因此无论从持续时间还是减少幅度，A1B 情景下的春季降水都比 A2 情景下的春季降水对冬小麦生长更有利。

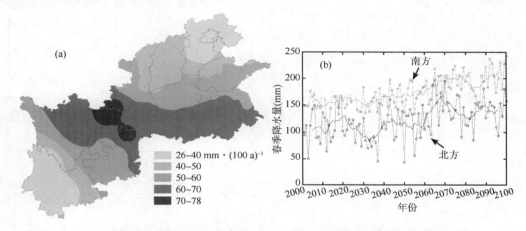

图 3.41　5 个气候模式集合模拟的我国冬麦区(a)春季降水量变率区域分布图和 (b)春季降水量随时间变化图

3.3.2.2　A1B 情景下气候变化对我国冬小麦的影响

本文假定未来 100 a 冬小麦作物品种、耕作措施、土壤特性不变，利用上述 5 个气候模式的集合结果驱动作物模型，分析未来 100 a A1B 情景下气候变化对我国冬小麦生长发育和产量的影响，同时讨论未来 100 a 干旱对我国冬小麦产量的影响。

3.3.2.2.1　A1B 情景下气候变化对冬小麦开花期和成熟期的影响

受气温持续升高的影响，WOFOST 作物模型模拟的我国冬麦区冬小麦开花期总体上呈提前趋势，未来 100 a 一般提前 10～30 d(见图 3.42(a)及附彩图 3.42(a))，其中河北和云南地区冬小麦开花期缩短较少，一般有 15～20 d·(100 a)$^{-1}$，而四川、重庆、贵州、河南、湖北、江苏和安徽开花期提前较多，一般在 25 d·(100 a)$^{-1}$ 以上。平均而言，我国冬麦区冬小麦开花期缩短了 23 d·(100 a)$^{-1}$。由图 3.42(b)(附彩图 3.42(b))可以看出，冬小麦开花期呈持续缩短趋势，这种变化主要是由于在冬小麦播种至开花期间的气温升高，很快达到冬小麦开花的积温导致的。

同时由图 3.43(附彩图 3.43)可以看到，冬小麦成熟期也呈明显的提前趋势，平均为 24 d·(100 a)$^{-1}$，与开花期变化幅度一致。从区域分布(图 3.43(a))上看，与开花期类似，河北、山东北部、山西、陕西、云南冬小麦成熟期变化较小，一般为 15～25 d·(100 a)$^{-1}$，而四川、贵州、重庆、湖北、河南、安徽、江苏冬小麦成熟期缩短较多，一般在 25 d·(100 a)$^{-1}$ 以上。由于气温持续升高引起的冬小麦开花期和成熟期缩短将影响冬小麦光合作用和干物质积累时间,进而影响冬小麦的产量和品质。

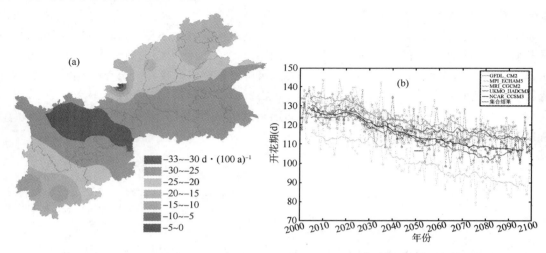

图 3.42　WOFOST 作物模型模拟的未来 100 a A1B 情景下气候变化对我国冬麦区冬小麦开花期的影响
(a)集合结果的区域分布;(b)5 个气候模式模拟的时间变化趋势和集合结果的时间变化趋势

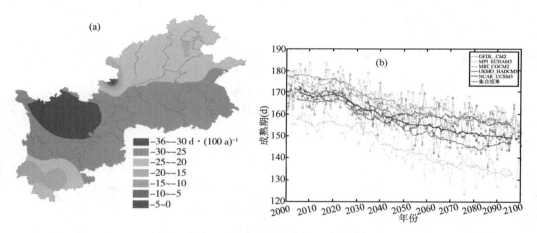

图 3.43　WOFOST 作物模型模拟的未来 100 a A1B 情景下气候变化对我国冬麦区冬小麦成熟期的影响
(a)集合结果的区域分布;(b)5 个气候模式模拟的时间变化趋势和集合结果的时间变化趋势

3.3.2.2.2　A1B 情景下气候变化对冬小麦潜在产量的影响

(1)不考虑 CO_2 的肥效作用

冬小麦潜在产量主要受到气温、日照等气象要素的影响,降水多少对潜在产量没有影响,即冬小麦潜在产量的变化趋势主要反映了气温对冬小麦的适宜度。

图 3.44(附彩图 3.44)即为 5 个气候模式及其集合结果模拟的气候变化对冬小麦潜在产量的影响的区域分布及时间分布。图 3.44(b)中不同颜色的曲线代表不同气候模式模拟的气温对潜在产量的影响,由图 3.44(b)可以看出,5 个气候模式模拟的气温都使冬小麦潜在产量呈减少趋势,平均而言,集合结果模拟的潜在产量未来 100 a 减少 16.8%。但是它们有一个共同的特点,即在 2030 年以后冬小麦潜在产量减少趋势更为明显,在集合结果模拟的曲线(红色)上反映得更为明显,这说明在 A1B 排放情景下,当气温持续升高到 2030 年时,气候条件使

冬小麦潜在产量持续减产,这说明在不考虑 CO_2 直接影响的前提下,随着气温的逐渐升高,气温条件将不适合目前冬小麦品种的生长发育和产量形成,而且气温越高,这种不适宜将越明显。

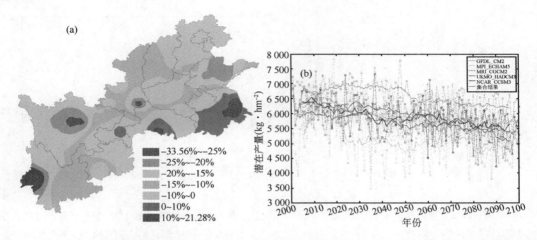

图 3.44　WOFOST 作物模型模拟的未来 100 a A1B 情景下气候变化对我国冬麦区冬小麦潜在产量的影响
(a)集合结果的区域分布;(b)5 个气候模式模拟的时间变化趋势和集合结果的时间变化趋势(不考虑 CO_2 的肥效作用)

从地区分布(图 3.44(a))上看,未来 100 a,在 A1B 排放情景下,我国大部分冬小麦产区的冬小麦潜在产量呈减少趋势,减产范围一般为 10%~30%。同时,河北、山东、河南北部、四川西部、云南西部冬小麦潜在产量减少程度比其他地区要大。这说明随着气温的持续升高,华北东部和南部及四川、云南西部的气温条件更不利于冬小麦的生长发育。

(2)考虑 CO_2 的肥效作用

由于 CO_2 是作物光合作用的主要物质来源,CO_2 浓度的增加对冬小麦光合作用和产量形成有一定的积极影响。因此,本研究在模拟冬小麦产量的同时,也考虑了 CO_2 浓度升高的直接影响。

图 3.45(附彩图 3.45)是考虑了 CO_2 直接影响的气候变化对冬小麦潜在产量的影响。总体上,考虑了 CO_2 的直接影响后,2080 年以前冬小麦的潜在产量呈增加趋势,说明 CO_2 浓度的增加抵消了气温升高带来的不利影响,2080—2100 年冬小麦潜在产量下降趋势非常明显,比 21 世纪 70 年代减少 200 $kg \cdot hm^{-2}$,说明随着气温的持续升高,CO_2 浓度增加带来的有利影响不足以抵消气温升高所带来的不利影响。从地区分布(图 3.45(a))上看,如果考虑 CO_2 的直接影响,河北、山东北部、陕西、山西、四川、云南和贵州南部冬小麦潜在产量将减少,尤其是河北、云南的大部地区冬小麦潜在产量将减少 10%~20%,而其他地区考虑了 CO_2 的直接作用后,冬小麦潜在产量略有上升趋势,一般升高 0~10%。总体上,考虑了 CO_2 的直接作用后,减轻了气温升高所带来的不利影响。

但是 CO_2 的肥效作用(直接影响)能否完全发挥,与水肥条件和栽培管理措施有关,只有在水肥条件和周围环境非常适宜时,CO_2 的肥效作用才能完全发挥出来。因此气温对冬小麦潜在产量的影响不考虑 CO_2 的肥效作用时是最坏的影响,考虑 CO_2 的肥效作用时是最好的影响。由于在实际生产中,CO_2 的肥效作用很少能全部有效地发挥出来,因此气温升高对冬小麦潜在产量的影响应该介于这两种情况之间。因此,无论如何,在 A1B 排放情景下,气温升高在 2080 年以后必定会对冬小麦潜在产量产生不利影响,而且这种不利影响在北方麦区将大于南方麦区。

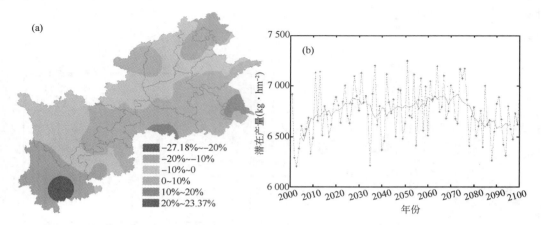

图 3.45　WOFOST 作物模型模拟的未来 100 a A1B 情景下气候变化对我国冬麦区冬小麦潜在产量的影响

(a)集合结果的区域分布;(b)5 个气候模式模拟的时间变化趋势和集合结果的时间变化趋势(考虑 CO_2 的肥效作用)

3.3.2.2.3　A1B 情景下气候变化对冬小麦雨养产量的影响

冬小麦的雨养产量不仅受到气温的影响,还受到降水多少的影响,一般情况下,北方冬小麦产区降水很难满足冬小麦生长的需要,CO_2 的肥效作用很难完全发挥,因此在讨论气候变化对冬小麦雨养产量的影响时没有考虑 CO_2 的肥效作用。

图 3.46(附彩图 3.46)是在 A1B 排放情景下,未来 100 a 气候变化对我国冬小麦雨养产量的影响。由图 3.46(a)可以看出,受气温和降水的共同影响,未来 100 a 除山东、安徽、河南东部地区冬小麦雨养产量略有上升外,其他大部地区冬小麦雨养产量都呈现下降趋势,特别是河北、四川和云南等地,冬小麦雨养产量下降幅度在 10% 以上,局部地区达到 30%。从时间分布(图 3.46(b))上看,整体上集合结果模拟的冬小麦雨养产量(红线)呈下降趋势,下降幅度为 5.7%。下降幅度远比冬小麦潜在产量减少(冬小麦潜在产量下降幅度为

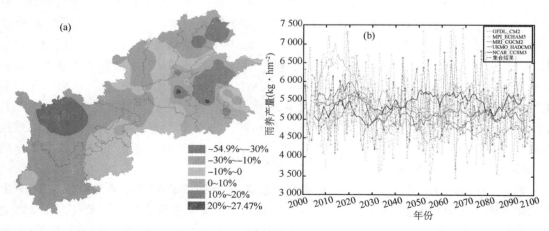

图 3.46　WOFOST 作物模型模拟的未来 100 a A1B 情景下气候变化对我国冬麦区冬小麦雨养产量的影响

(a)集合结果的区域分布;(b)5 个气候模式模拟的时间变化趋势和集合结果的时间变化趋势

12.5％），主要是因为未来 100 a 冬小麦生育期降水量呈上升趋势（见图 3.40）。这说明气温升高给冬小麦产量带来不利影响的同时，由于降水整体上增多，干旱减少，对冬小麦产量带来有利影响。但总体上，未来气候变化对冬小麦产量的影响是不利的。特别是 2030 年前后，由于春季降水量的大幅减少（见图 3.41）和气温升高的共同作用，冬小麦产量受到很大影响。

3.3.2.2.4　A1B 情景下干旱对北方冬小麦产量的影响

由于冬小麦雨养产量主要受到气温和降水的影响，而冬小麦潜在产量主要受到气温的影响，因此两者之差就是降水的作用。图 3.47 就是 A1B 排放情景下集合结果模拟的北方麦区干旱对冬小麦产量的影响。从时间分布上看，降水对冬小麦的产量影响越来越有利，干旱对冬小麦产量的影响越来越小，这主要是因为冬小麦生育期降水量增多的缘故。但从图中发现，2030—2040 年干旱对冬小麦影响最大，曲线上出现一个明显的峰值，进一步研究发现，这段时间内干旱使冬小麦平均减产 25.6％，主要是这一时段内的春季降水量减少所致。

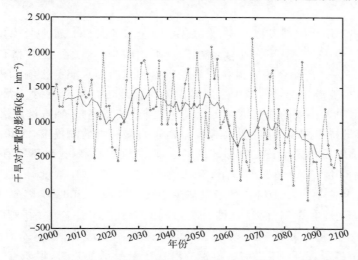

图 3.47　未来 100 a A1B 情景下干旱对我国北方冬小麦产量的影响

3.3.2.3　小结

本章主要选取了国际上对东亚地区模拟较好的 5 个 GCM 气候模式（GFDL_CM2,MPI_ECHAM5,MRI_CGCM2,UKMO_HADCM3,NCAR_CCSM3），讨论了高排放情景下（A2）和中等排放情景下（A1B）未来 100 a 我国冬小麦产区气候变化及其对冬小麦生长发育的影响。同时模拟了未来 100 a 北方冬小麦产区干旱对冬小麦产量影响的趋势，对干旱发生严重的时段进行讨论。

研究发现，未来 100 a A2 情景下，多模式集合模拟的南方麦区冬小麦生育期平均气温将升高 4.2 ℃ · $(100 \text{ a})^{-1}$，北方麦区将升高 4.5 ℃ · $(100 \text{ a})^{-1}$。在 A1B 情景下，南方麦区冬小麦生育期平均气温将升高 4.0 ℃ · $(100 \text{ a})^{-1}$，北方麦区将升高 3.9 ℃ · $(100 \text{ a})^{-1}$。A2 情景下冬小麦生育期降水量整体上呈增多趋势，南方麦区平均每年增加 1.3 mm，北方麦区平均每年增加 1.6 mm。在 A1B 情景下，南方麦区冬小麦生育期降水量平均每年增加 0.7 mm，北方麦区平均每年增加 0.8 mm。春季降水量整体上也呈增加趋势，但 A2 情景下，2015—2035 年春季降水量减少 20％～30％，A1B 情景下，2025—2040 年春季降水量减少 15％。

　　假设未来 100 a 冬小麦作物品种不变、耕作管理措施不变、土壤性质不变，利用上述 5 个 GCMs 输出的数据驱动作物模型 WOFOST，模拟结果发现，气候变暖对冬小麦的生长发育进程影响较大。A2 情景下，冬小麦开花期平均提前 26 d · (100 a)$^{-1}$，成熟期平均提前 27 d · (100 a)$^{-1}$。A1B 情景下，冬小麦开花期平均提前 23 d · (100 a)$^{-1}$，成熟期平均提前 24 d · (100 a)$^{-1}$。这说明未来 100 a 气候变暖对冬小麦生长发育的影响以冬小麦生育期提前为主。冬小麦生育期提前，即生长发育时间缩短对冬小麦的产量影响较大，因为冬小麦生育期缩短，影响了干物质积累时间，进而影响了冬小麦的产量和品质。另一方面，冬小麦生育期提前，特别是成熟期提前，对我国冬小麦产区的种植制度将产生较大影响。目前，我国北方麦区冬小麦成熟后主要种植夏玉米或大豆，南方麦区冬小麦成熟后主要种植一季稻或夏玉米，这些第二季作物由于实际生长发育时间较短，经常发生贪青晚熟现象，气候变暖导致冬小麦成熟期提前，将有助于这些矛盾的解决，有些地区可以更换生长季更长的品种，以更好地利用热量资源。

　　通过 WOFOST 作物模型模拟发现，未来 100 a 在不考虑 CO_2 的肥效作用时，冬小麦潜在产量全部呈减少趋势，A2 情景下冬小麦潜在产量平均减少 14.3％，A1B 情景下，冬小麦潜在产量平均减少 12.5％。由于冬小麦潜在产量主要受到气温和日照的影响，而我国冬小麦产区日照充足，所以冬小麦潜在产量的减少主要是由于气温升高引起的，冬小麦潜在产量的变化趋势主要反映了气温对冬小麦的适宜度。无论是 A2 排放情景还是 A1B 排放情景，大约在 2030 年，冬小麦潜在产量持续减少，这说明在不考虑 CO_2 直接影响的前提下，2030 年以后气温条件将不适合目前冬小麦品种的生长发育和产量形成，而且气温越高，这种不适宜将越明显。如果考虑 CO_2 的肥效作用，在 A2 排放情景下，2060 年之前，由于 CO_2 浓度升高，冬小麦潜在产量呈增多趋势，2060 年之后冬小麦潜在产量呈减少趋势。这说明 2060 年之前，CO_2 浓度升高对冬小麦潜在产量产生有利影响，而且这种有利影响大于气温升高产生的不利影响，但到 2060 年之后，CO_2 对冬小麦的有利影响逐渐小于气温带来的不利影响，冬小麦的潜在产量呈减少趋势。A1B 排放情景下，2080 年之前冬小麦的潜在产量呈增加趋势，说明 CO_2 浓度的增加带来的有利影响抵消了气温升高带来的不利影响，2080—2100 年冬小麦潜在产量下降趋势非常明显，21 世纪比 70 年代减少 200 kg · hm^{-2}，说明随着气温的持续升高，CO_2 浓度增加带来的有利影响不足以抵消气温升高所带来的不利影响。但在实际生产中，CO_2 的肥效作用是否能够表现，与具体的栽培管理措施和水肥条件密切相关。只有在水肥条件充分得到满足和冬小麦的周边环境非常适宜的条件下，CO_2 的肥效作用才能表现出来。在现实生产中，要完全达到这种理想状态，还存在相当大的困难。因此，在考虑未来气候变化影响的时候，对 CO_2 肥效的评估只是一种参考。

　　通过 WOFOST 作物模型模拟发现，未来 100 a 由于总体上降水增多，北方冬小麦产区干旱对冬小麦产量的影响呈减轻趋势。但 A2 排放情景下，2015—2035 年间干旱使冬小麦大幅减产，使冬小麦平均减产 22.5％。主要是因为这段时间春季降水量大幅减少造成的。在 A1B 排放情景下，2030—2040 年，干旱对冬小麦影响最大，这段时间内干旱使冬小麦平均减产 25.6％。

3.4　RegCM3 模拟的 2071—2100 年气候变化对冬小麦的影响

本节未来气候情景数据是区域气候模式 ICTP RegCM3 模拟的 2071—2100 年 A2 的气候情景。所选用的全球模式为意大利国际理论物理中心的 NASA/NCAR FvGCM(high-resolution finite-volume General Circulation Model)(Lin 等 1996,2004),FvGCM 是一个大气模式,其动力框架采用有限体积元方法。模式的物理过程除云辐射方案外,主要和 NCAR CCM3 相同,如晴空辐射传输方案以 Kiehl 参数化方案为基础,考虑了温室气体、大气气溶胶和云的相互作用的影响;边界过程采用非局地的 Holtslag 方案;陆面过程则通过 Bonan 的陆面模型来描述等。FvGCM 使用了一个新的云方案——McRAS,它是基于松弛的 Arakawa-Schubert 方案上的一种预测方法,并耦合进更新了的 Chou & Suarez 云辐射方案。其水平分辨率为 $1° \times 1.25°$,垂直方向上分为 18 层。

ICTP RegCM3 是 RegCM 系列模式的最新版(Giorgi 等 1992),新版模式在物理过程上的主要改进为:使用 CCM3 辐射传输包,改进大尺度云和降水的参数化方案,使其可以解决次网格尺度云的变化问题(Pal 等 2000),增加了新的海表通量参数化方案(Zeng 等 1998),增加了更多对流参数化方案,如 Betts-Miller(1986)和 Emanuel(1991)。此外,用 USGS 的全球陆地覆盖特征和全球 $2' \sim 60'$ 多种高度资料创建模式地形,使模式能更精确地表示出下垫面的状况。

RegCM3 模式中心点坐标为(35°N,107°E),格点数为 360(东西)×275(南北)。积分时间段为:1961 年 1 月 1 日—1990 年 12 月 31 日,即控制试验(用 RF 表示);21 世纪末从 2071 年 1 月 1 日—2100 年 12 月 31 日,即 A2 试验。水平分辨率为 20 km,垂直方向上分为 18 层。时间步长一般为 30 s。植被覆盖,在中国区域内使用中国农业科学院遥感中心提供的实测资料,在中国区域外使用美国 USGS 基于卫星观测反演得到的 GLCC 资料。使用的地形由美国 USGS 制作的 $10' \times 10'$ 地形资料插值得到(石英 2007)。

3.4.1　区域气候模式情景数据订正方法

3.4.1.1　方法介绍

WOFOST 作物模型在模拟未来气候情景对冬小麦生长发育和产量形成的影响时,用到了 RegCM3 气候模式模拟日的最高气温、最低气温、降水量等气候要素。由于目前气候模式模拟能力有限,模拟的现代气候要素值都与实际观测值相差甚远,给未来情景数据的应用带来较大困难。例如,农作物的生长要求一定的温度范围,即最适温度,当模拟的气温低于或高于这个范围时都会对作物的生长产生不利影响;又如当模拟的当代气温偏低时,会对农作物产生一定的不利影响,但在全球变暖、气温升高的背景下,未来气候变化很可能对作物产生有利影响。但当模拟的当代气温偏高,在气候变暖的背景下,未来气温很可能超过了作物生长的最适温度范围,这时的气候变化将对农作物产生不利影响。因此,在应用这些数据之前,进行订正是非常必要的。为了使模拟的气候要素值接近观测值,本文采用的订正方法如下(Chen 2007):

日最高气温和日最低气温的订正方法为:

$$Correction(cf) = M_{\text{bin}n}^{GCM\,scenario} + (\overline{M_{\text{bin}n}^{obs}} - \overline{M_{\text{bin}n}^{GCM\,baseline}}) \tag{3.1}$$

其他要素的订正方法为：

$$Correction(cf) = M_{\text{bin}n}^{GCM\,scenario} \times \frac{\overline{M_{\text{bin}n}^{obs}}}{\overline{M_{\text{bin}n}^{GCM\,baseline}}} \tag{3.2}$$

式中 $Correction(cf)$ 为气候模式模拟的未来气候情景订正后的结果；$M_{\text{bin}n}^{GCM\,scenario}$ 为在一个 bin 内气候模式模拟的未来气候情景数据；$\overline{M_{\text{bin}n}^{obs}}$ 为在一个 bin 内历史观测值的平均值；$\overline{M_{\text{bin}n}^{GCM\,baseline}}$ 为在一个 bin 内气候模式模拟的基准日值的平均值。日最高气温和日最低气温采用了在一个 bin 内加上观测值与模拟值的差值的方法，其他要素采用了在一个 bin 内乘以观测值与模拟值的比值的方法。

具体步骤为：(1)首先将所有观测样本进行排序，找出最大值和最小值，然后计算每个 bin 的大小，即最大值与最小值之差除以要划分的区间数 $b = (\text{max} - \text{min})/\text{num}$，最后确定每个 bin 的最大值和最小值，即

$$\text{min}, x_1 = \text{min} + b, x_2 = \text{min} + b \times 2, x_3 = \text{min} + b \times 3, x_4 = \text{min} + b \times 4, \cdots, \text{max}。$$

(2)确定每个区间的样本数 n，并且求出平均值 $\overline{M_{\text{bin}n}^{obs}}$，将模拟的基准样本排序，根据 n 确定区间数，计算 $\overline{M_{\text{bin}n}^{GCM\,baseline}}$，同样根据 n 确定模拟的未来情景数据区间数，计算 $M_{\text{bin}n}^{GCM\,scenario}$。

(3)最后根据上面公式计算 $Correction(cf)$。

3.4.1.2 订正结果

3.4.1.2.1 日最高气温的订正

在订正 RegCM3 气候模式模拟的未来情景数据前，本文首先分析 RegCM3 气候模式模拟的基准最高气温和实际观测的最高气温之间的差距。以山东德州站点为例，图 3.48（附彩图 3.48）为 1981—1990 年山东德州站观测的日最高气温和 RegCM3 模拟的日最高气温。

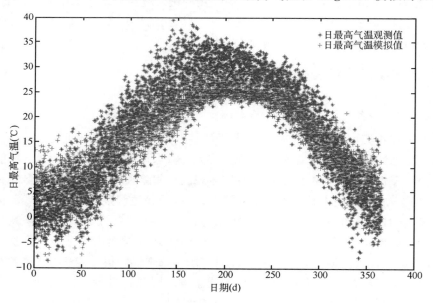

图 3.48　1981—1990 年山东德州站日最高气温观测值与 RegCM3
模拟的日最高气温比较

由图 3.48 可见,RegCM3 模拟的日最高气温与实际观测值存在一定的差距,3—9 月份 RegCM3 模拟的日最高气温比实际观测值明显偏低,特别是 5—8 月份,观测的日最高气温经常高于 30 ℃,部分日期高于 35 ℃,而模拟的日最高气温都低于 35 ℃,其他月份模拟的日最高气温接近观测值。

应用上面介绍的方法对 RegCM3 气候模式模拟的基准值和未来情景进行订正,因为每年 1—7 月份气温属于上升阶段,8—12 月份气温属于下降阶段,因此本研究将一年分为两部分:第 1—200 d 为第 1 部分,第 201—365 d 为第 2 部分。第 1 部分 1961—1990 年共有 6 000 个样本,分为 40 个 bin,还以山东德州站点为例,表 3.11 显示,将观测的 6 000 个样本分成 40 个 bin,日最高气温从 41.2 ℃变到−9.7 ℃,除第 1~2 个和第 38~40 个 bin 外,其余每个 bin 里面样本数都超过了 20 个,最多的样本数达到了 282 个。RegCM3 模拟的日最高气温最大值达到 34.2 ℃,与实际观测值 41.2 ℃相差较多,但 RegCM3 模拟的日最高气温的最小值为−9.2 ℃,接近实际的观测值(−9.7 ℃)。从 $cf(T_{obs}-T_{RegCM3})$ 分布来看,气温越高,RegCM3 模拟的日最高气温与实际观测的日最高气温相差越多,由表 3.11 可见,在实际观测气温大于 31 ℃时,RegCM3 模拟的日最高气温一般比实际观测的日最高气温偏低 7 ℃以上,实际观测的日最高气温越低,RegCM3 模拟的日最高气温越接近观测值,例如第 35~40 个 bin 时,实际观测的日最高气温低于 0 ℃,RegCM3 模拟的日最高气温也全都低于 0 ℃,特别是实际观测的日最高气温最小值为−9.7 ℃,而模拟的日最高气温最小值是−9.2 ℃,与观测值很接近。这些说明了 RegCM3 模拟的日最高气温在高温阶段(春季末或夏季)模拟的效果较差,与实际观测值相差较大,而日最高气温较低时(冬季、春季的前段、秋季),RegCM3 模拟的日最高气温较好,接近实际观测值。

表 3.12 是山东德州站 1981—1990 年每年的后期(第 201—365 d)日最高气温实际观测值与模拟值分段订正。由表 3.12 可以看出,除第 1~2 和第 36~40 个 bin 外,其他 bin 里面样本数均大于 30,第 8 个 bin 里面样本数最多,达到 323 个。实际观测的日最高气温与模拟值相比,当观测的日最高气温大于 13 ℃时,模拟的日最高气温一般偏低,尤其是当观测的日最高气温大于 28.3 ℃时,模拟的日最高气温一般比实际观测值偏低 4 ℃以上。当观测的日最高气温低于 13 ℃时,模拟的日最高气温一般高于实际观测值,特别是当日最高气温低于 0 ℃时,模拟的日最高气温往往偏高 3.7~4.4 ℃。

通过以上分析可以看出,春末和夏季 RegCM3 气候模式模拟的日最高气温往往比实际观测值偏低。如果这些 RegCM3 气候模式模拟结果没有经过订正,而是直接应用,一方面会直接导致作物积温日数的改变,另一方面很难反映出在气候变化背景下高温对农作物的危害。

因此,本研究应用式(3.1)和式(3.2),对 RegCM3 模式模拟的基准数据和未来情景数据进行了订正,订正结果见图 3.49(附彩图 3.49)和图 3.50(附彩图 3.50)。由图 3.49 可以看出,订正后模拟的 1981—1990 年日最高气温与实际观测值基本吻合。说明经过订正后,模拟的 1981—1990 年日最高气温比较合理。图 3.50 是 RegCM3 模拟的 2091—2100 年日最高气温和订正后的日最高气温比较。由图 3.50 可以看出,由于气候变暖,日最高气温升高,5—8 月份,日最高气温高于 35 ℃的情况增多,部分时段日最高气温可以达到 40 ℃。

表 3.11　1981—1990 年山东德州站观测的日最高气温和 RegCM3 模拟的
日最高气温分段订正(每年的第 1—200 d)

划分的 bins	观测值			模拟值		$cf(℃)$
	样本数 (n)	日最高气温分段 (℃)	平均最高气温 (℃)	日最高气温分段 (℃)	平均最高气温 (℃)	$T_{obs} - T_{RegCM3}$
bin1	1	41.2~39.9	41.2	34.2~33.3	34.2	7.0
bin2	6	39.9~38.6	39.3	33.3~31.2	32.1	7.2
bin3	20	38.6~37.3	37.8	31.2~29.8	29.1	8.7
bin4	30	37.3~36.1	36.6	29.8~28.5	27.7	8.9
bin5	96	36.1~34.8	35.5	28.5~27.2	27.7	7.8
bin6	187	34.8~33.5	34.1	27.2~25.8	26.3	7.8
bin7	218	33.5~32.2	32.8	25.8~24.9	25.2	7.6
bin8	245	32.2~31.0	31.6	24.9~24.1	24.4	7.2
bin9	278	31.0~29.7	30.3	24.1~23.4	23.7	6.6
bin10	282	29.7~28.4	29.1	23.4~22.5	22.9	6.2
bin11	232	28.4~27.2	27.8	22.5~21.6	22.0	5.8
bin12	215	27.2~25.9	26.6	21.6~20.7	21.1	5.5
bin13	234	25.9~24.6	25.3	20.7~19.7	20.2	5.1
bin14	214	24.6~23.3	24.0	19.7~18.8	19.2	4.8
bin15	188	23.3~22.1	22.7	18.8~17.9	18.3	4.4
bin16	163	22.1~20.8	21.4	17.9~17.2	17.5	3.9
bin17	166	20.8~19.5	20.2	17.2~16.3	16.7	3.5
bin18	175	19.5~18.3	18.9	16.3~15.5	15.7	3.2
bin19	143	18.3~17.0	17.6	15.4~14.6	14.9	2.7
bin20	148	17.0~15.7	16.4	14.6~13.8	14.1	2.3
bin21	141	15.7~14.4	15.1	13.8~13.0	12.6	1.5
bin22	133	14.4~13.2	13.8	13.0~12.2	12.6	1.2
bin23	138	13.2~11.9	12.6	12.2~11.6	11.9	0.7
bin24	168	11.9~10.6	11.3	11.6~10.7	11.1	0.2
bin25	158	10.6~9.3	10.0	10.7~10.0	10.3	−0.3
bin26	157	9.3~8.1	8.7	10.0~9.2	9.6	−0.9
bin27	191	8.1~6.8	7.4	9.2~8.3	8.7	−1.3
bin28	199	6.8~5.5	6.1	8.3~7.5	7.8	−1.7
bin29	207	5.5~4.3	4.9	7.5~6.6	7.0	−2.1
bin30	212	4.3~3.0	3.6	6.6~5.60	6.1	−2.5
bin31	250	3.0~1.7	2.3	5.6~4.3	4.9	−2.6
bin32	218	1.7~0.4	1.0	4.3~2.8	3.5	−2.5
bin33	209	0.4~−0.7	−0.1	2.8~1.2	1.9	−2.0
bin34	146	−0.7~−2.0	−1.3	1.2~−0.6	0.35	−1.65
bin35	108	−2.0~−3.3	−2.6	−0.6~−2.2	−1.3	−1.3
bin36	66	−3.3~−4.6	−3.9	−2.2~−3.5	−2.8	−1.1
bin37	35	−4.6~−5.8	−5.2	−3.5~−5.0	−4.1	−1.1
bin38	17	−5.8~−7.1	−6.3	−5.0~−7.4	−6.2	−0.1
bin39	4	−7.1~−8.4	−7.7	−7.4~−8.5	−8.0	0.3
bin40	2	−8.4~−9.7	−9.2	−8.5~−9.2	−8.9	−0.3

表 3.12   1961—1990 年山东德州站观测的日最高气温和 **RegCM3** 模拟的
日最高气温分段订正(每年的第 **201—365 d**)

划分的 bins	样本数(n)	观测值		模拟值		cf(℃)
		日最高气温分段(℃)	平均最高气温(℃)	日最高气温分段(℃)	平均最高气温(℃)	$T_{obs} - T_{RegCM3}$
bin1	6	37.5~36.3	36.7	33.0~32.5	32.8	3.9
bin2	16	36.3~35.2	35.6	32.5~30.5	31.4	4.2
bin3	57	35.2~34.0	34.6	30.5~29.0	29.6	5.0
bin4	118	34.0~32.9	33.4	29.0~27.7	28.2	5.2
bin5	203	32.9~31.7	32.3	27.7~26.5	27.0	5.3
bin6	274	31.7~30.6	31.2	26.5~25.6	26.0	5.2
bin7	279	30.6~29.4	30.0	25.6~25.0	25.3	4.7
bin8	323	29.4~28.3	28.9	25.0~24.5	24.8	4.1
bin9	294	28.3~27.1	27.7	24.5~24.0	24.3	3.4
bin10	273	27.1~26.0	26.6	24.0~23.4	23.7	2.9
bin11	198	26.0~24.8	25.4	23.4~22.7	23.1	2.3
bin12	199	24.8~23.7	24.3	22.7~21.7	22.2	2.1
bin13	173	23.7~22.5	23.1	21.7~20.7	21.2	1.9
bin14	157	22.5~21.4	22.0	20.7~19.6	20.1	1.9
bin15	154	21.4~20.2	20.8	19.6~18.7	19.2	1.6
bin16	134	20.2~19.1	19.7	18.7~17.8	18.2	1.5
bin17	134	19.1~17.9	18.5	17.8~17.0	17.4	1.1
bin18	137	17.9~16.8	17.3	17.0~16.0	16.6	0.7
bin19	125	16.8~15.6	16.2	16.0~15.2	15.6	0.6
bin20	138	15.6~14.4	15.0	15.2~14.3	14.7	0.3
bin21	122	14.4~13.3	13.9	14.3~13.5	13.9	0.0
bin22	121	13.3~12.1	12.7	13.5~12.7	13.1	−0.4
bin23	124	12.1~11.0	11.6	12.7~12.0	12.3	−0.7
bin24	120	11.0~9.8	10.4	12.0~11.2	11.6	−1.2
bin25	124	9.8~8.7	9.2	11.2~10.5	10.8	−1.6
bin26	120	8.7~7.5	8.1	10.5~9.7	10.1	−2.0
bin27	117	7.5~6.4	7.0	9.7~8.9	9.3	−2.3
bin28	117	6.4~5.2	5.8	8.9~8.1	8.5	−2.7
bin29	119	5.2~4.1	4.6	8.1~7.2	7.7	−3.1
bin30	129	4.1~2.9	3.6	7.2~6.2	6.7	−3.1
bin31	91	2.9~1.8	2.5	6.2~5.2	5.7	−3.2
bin32	72	1.8~0.6	1.2	5.2~4.1	4.8	−3.6
bin33	63	0.6~−0.5	0.1	4.1~3.2	3.7	−3.6
bin34	41	−0.5~−1.7	−1.1	3.2~2.4	2.8	−3.9
bin35	35	−1.7~−2.8	−2.2	2.4~1.2	1.8	−4.0
bin36	13	−2.8~−4.0	−3.4	1.2~0.4	0.8	−4.2
bin37	16	−4.0~−5.1	−4.5	0.4~−0.9	−0.2	−4.3
bin38	7	−5.1~−6.3	−5.5	−0.9~−1.9	−1.3	−4.2
bin39	4	−6.3~−7.4	−6.6	−1.9~−2.5	−2.3	−4.3
bin40	3	−7.4~−8.6	−8.2	−2.5~−5.5	−4.5	−3.7

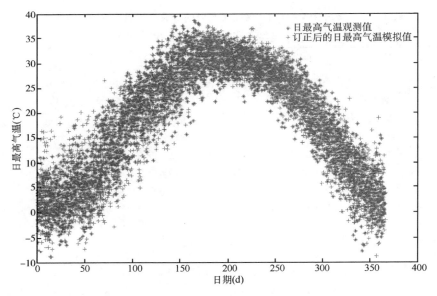

图 3.49   1981—1990 年山东德州站日最高气温观测值与订正后的 RegCM3 模拟的日最高气温比较

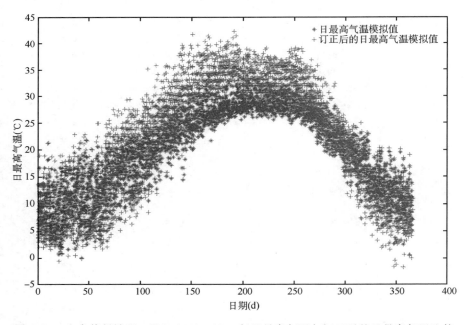

图 3.50   山东德州站 RegCM3 2091—2100 年日最高气温与订正后的日最高气温比较

3.4.1.2.2   日最低气温的订正

图 3.51（附彩图 3.51）为 RegCM3 模拟的 1981—1990 年日最低气温和观测到的日最低气温，由图可以看到，冬季（1—2 月和 12 月）RegCM3 模拟的日最低气温比观测值偏高，特别是观测到部分日最低气温低于 10 ℃，而模拟的日最低气温很少低于 10 ℃。另外，在 6—8 月份，模拟的日最低气温比观测的日最低气温偏低。因此，在这些模拟的日最低气温应用之前有必要对这些差距进行订正。

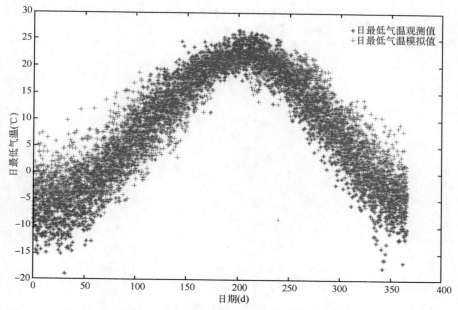

图 3.51　1981—1990 年山东德州站日最低气温观测值与 RegCM3 模拟的日最低气温比较

　　订正方法与日最高气温的订正方法相似,首先将每年的日最低气温分成两部分:第 1—200 d 为第 1 部分,第 201—365 d 为第 2 部分,按上面介绍的公式进行计算,计算结果见表 3.13。由表 3.13 可以看到,日最低气温大于 25 ℃的样本数和日最低气温小于−16.3 ℃的样本数比较少。当观测的日最低气温大于 23.3 ℃时,RegCM3 模拟的日最低气温比观测值偏低 1.7～4.5 ℃;当观测的日最低气温在 1～−10.1 ℃时,RegCM3 模拟的日最低气温比实际观测值偏高 1.9～5.1 ℃;当观测的日最低气温低于−10.1 ℃时,模拟的日最低气温与观测值差距更大,在 5.1 ℃以上。表 3.14 为第 201—365 d 观测的日最低气温与模拟的日最低气温的比较和分段订正。由表 3.14 可以看出,当日最低气温大于 24.6 ℃时,RegCM3 模拟的日最低气温偏低 2.5 ℃以上;当观测的日最低气温小于 17.5 ℃时,模拟的日最低气温偏高 2.3 ℃以上,特别是当观测的日最低气温低于−5 ℃,模拟的日最低气温比实际观测值偏高 4～10.1 ℃,主要以偏高为主。

　　由此可见,RegCM3 模拟的日最低气温在夏季比实际观测值偏低,在冬季比实际观测值偏高,其中冬季偏高较多。

　　本文应用式(3.1)对 RegCM3 模式模拟的基准数据和未来情景数据进行了订正。对 RegCM3 模式模拟的 1981—1990 年日最低气温进行订正后的结果见图 3.52(附彩图 3.52),由图 3.52 可见,订正后的日最低气温的分布形势与实际观测值比较接近,说明订正后的日最低气温符合实际情况。订正后的未来情景数据见图 3.53(附彩图 3.53),由图 3.53 可见,订正后的日最低气温比没有经过订正的日最低气温在冬季明显偏低,在订正以前,模拟的冬季日最低气温达到−5 ℃以下的样本数比较少,而订正后的日最低气温有很大一部分样本在−5～−10 ℃之间,有的样本还低于−10 ℃;另一个特征是在夏季,订正后的日最低气温比没有经过订正的日最低气温明显偏高,没有经过订正的样本的日最低气温高于 25 ℃的较少,而订正后的一部分样本的日最低气温高于 30 ℃。

表 3.13   1981—1990 年山东德州站观测的日最低气温和 RegCM3 模拟的
日最低气温分段订正(每年的第 1—200 d)

划分的 bins	观测值			模拟值		$cf(℃)$ $T_{obs} - T_{RegCM3}$
	样本数(n)	日最低气温分段(℃)	平均最低气温(℃)	日最低气温分段(℃)	平均最低气温(℃)	
bin1	5	28.3～27.1	27.9	23.6～23.3	23.4	4.5
bin2	10	27.1～25.8	26.4	23.3～22.8	23.0	3.4
bin3	26	25.8～24.6	25.1	22.8～22.4	22.6	2.5
bin4	75	24.6～23.3	23.8	22.4～22.0	22.2	1.7
bin5	151	23.3～22.1	22.6	22.0～21.5	21.7	0.9
bin6	227	22.1～20.9	21.5	21.5～20.8	21.1	0.3
bin7	262	20.9～19.6	20.2	20.8～20.0	20.4	−0.2
bin8	288	19.6～18.4	19.0	20.0～18.8	19.4	−0.4
bin9	218	18.4～17.1	17.8	18.8～17.5	18.1	−0.3
bin10	207	17.1～15.9	16.6	17.5～16.1	16.9	−0.3
bin11	213	15.9～14.7	15.3	16.1～14.5	15.3	0.0
bin12	196	14.7～13.4	14.0	14.5～13.2	13.9	0.2
bin13	213	13.4～12.2	12.8	13.2～11.9	12.5	0.3
bin14	204	12.2～10.9	11.6	11.9～10.7	11.3	0.3
bin15	194	10.9～9.7	10.3	10.7～9.6	10.1	0.2
bin16	157	9.7～8.5	9.1	9.6～8.5	9.0	0.1
bin17	153	8.5～7.2	7.8	8.5～7.6	8.0	−0.2
bin18	161	7.2～6.0	6.5	7.6～6.4	6.9	−0.4
bin19	141	6.0～4.7	5.3	6.4～5.6	6.0	−0.7
bin20	151	4.7～3.5	4.1	5.6～4.6	5.1	−1.0
bin21	150	3.5～2.3	2.8	4.6～3.8	4.2	−1.4
bin22	181	2.3～1.0	1.6	3.8～2.8	3.3	−1.6
bin23	223	1.0～−0.2	0.4	2.8～1.7	2.2	−1.9
bin24	219	−0.2～−1.5	−0.9	1.7～0.6	1.1	−2.0
bin25	256	−1.5～−2.7	−2.1	0.6～−0.3	0.1	−2.2
bin26	239	−2.7～−3.9	−3.4	−0.3～−1.3	−0.8	−2.6
bin27	228	−3.9～−5.2	−4.6	−1.3～−2.0	−1.6	−2.9
bin28	208	−5.2～−6.4	−5.8	−2.0～−2.8	−2.4	−3.4
bin29	218	−6.4～−7.7	−7.0	−2.8～−3.6	−3.2	−3.8
bin30	225	−7.7～−8.9	−8.3	−3.6～−4.4	−4.0	−4.3
bin31	175	−8.9～−10.1	−9.5	−4.4～−5.2	−4.8	−4.8
bin32	142	−10.1～−11.4	−10.8	−5.2～−6.0	−5.6	−5.1
bin33	127	−11.4～−12.6	−12.0	−6.0～−7.0	−6.6	−5.4
bin34	70	−12.6～−13.9	−13.2	−7.0～−8.0	−7.5	−5.7
bin35	48	−13.9～−15.1	−14.5	−8.0～−9.3	−8.6	−5.9
bin36	23	−15.1～−16.3	−15.6	−9.3～−10.2	−9.8	−5.8
bin37	9	−16.3～−17.6	−16.7	−10.2～−11.3	−10.8	−5.9
bin38	3	−17.6～−18.8	−18.4	−11.3～−11.4	−11.3	−7.0
bin39	2	−18.8～−20.1	−19.0	−11.4～−12.3	−12.1	−6.9
bin40	2	−20.1～−21.3	−20.8	−12.3～−12.5	−12.4	−8.3

表 3.14　1961—1990 年山东德州站观测的日最低气温和 RegCM3 模拟的
日最低气温分段订正(每年的第 201—365 d)

划分的 bins	样本数(n)	观测值		模拟值		cf(℃) $T_{obs} - T_{RegCM3}$
		日最低气温分段(℃)	平均最低气温(℃)	日最低气温分段(℃)	平均最低气温(℃)	
bin1	6	28.1~26.9	27.5	23.8~23.3	23.6	3.9
bin2	37	26.9~25.7	26.2	23.3~22.8	22.9	3.2
bin3	134	25.7~24.6	25.0	22.8~22.3	22.5	2.5
bin4	237	24.6~23.4	23.9	22.3~21.8	22.0	1.9
bin5	256	23.4~22.2	22.8	21.8~21.4	21.6	1.2
bin6	237	22.2~21.0	21.6	21.4~21.1	21.2	0.4
bin7	270	21.0~19.8	20.5	21.1~20.5	20.8	-0.3
bin8	206	19.8~18.6	19.3	20.5~20.1	20.3	-1.1
bin9	193	18.6~17.5	18.0	20.1~19.5	19.8	-1.8
bin10	166	17.5~16.3	16.9	19.5~18.8	19.2	-2.3
bin11	147	16.3~15.1	15.7	18.8~18.1	18.5	-2.8
bin12	162	15.1~13.9	14.5	18.1~17.1	17.6	-3.1
bin13	157	13.9~12.7	13.4	17.1~15.9	16.6	-3.2
bin14	179	12.7~11.5	12.2	15.9~14.5	15.2	-3.1
bin15	169	11.5~10.4	11.0	14.5~13.0	13.8	-2.8
bin16	156	10.4~9.2	9.8	13.0~11.7	12.3	-2.6
bin17	165	9.2~8.0	8.6	11.7~10.5	11.1	-2.5
bin18	135	8.0~6.8	7.3	10.5~9.5	10.0	-2.7
bin19	151	6.8~5.6	6.3	9.5~8.4	8.9	-2.6
bin20	121	5.6~4.5	5.0	8.4~7.5	7.9	-2.9
bin21	143	4.5~3.3	3.8	7.5~6.4	6.9	-3.1
bin22	132	3.3~2.1	2.7	6.4~5.5	5.9	-3.3
bin23	123	2.1~0.9	1.5	5.5~4.6	5.0	-3.6
bin24	149	0.9~-0.3	0.3	4.6~3.6	4.1	-3.8
bin25	154	-0.3~-1.5	-0.9	3.6~2.5	3.0	-3.9
bin26	175	-1.5~-2.6	-2.1	2.5~1.2	1.8	-3.9
bin27	160	-2.6~-3.8	-3.3	1.2~0.1	0.7	-3.9
bin28	195	-3.8~-5.0	-4.4	0.1~-1.1	-0.5	-3.9
bin29	112	-5.0~-6.2	-5.6	-1.1~-2.1	-1.6	-4.0
bin30	94	-6.2~-7.4	-6.7	-2.1~-2.7	-2.4	-4.3
bin31	74	-7.4~-8.6	-8.0	-2.7~-3.4	-3.1	-4.9
bin32	51	-8.6~-9.7	-9.1	-3.4~-4.0	-3.7	-5.4
bin33	43	-9.7~-10.9	-10.3	-4.0~-4.8	-4.4	-5.9
bin34	22	-10.9~-12.1	-11.5	-4.8~-5.5	-5.2	-6.3
bin35	18	-12.1~-13.3	-12.6	-5.5~-6.3	-5.9	-6.6
bin36	11	-13.3~-14.5	-13.8	-6.3~-7.0	-6.7	-7.1
bin37	3	-14.5~-15.7	-14.9	-7.0~-7.2	-7.1	-7.8
bin38	3	-15.7~-16.8	-16.3	-7.2~-7.5	-7.3	-9.0
bin39	3	-16.8~-18.0	-17.5	-7.5~-8.9	-8.6	-9.0
bin40	1	-18.0~-19.2	-19.2	-8.9~-9.1	-9.1	-10.1

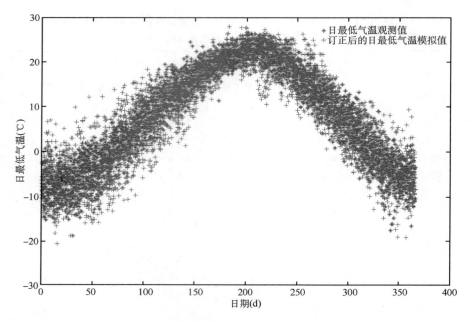

图 3.52　1981—1990 年山东德州站日最低气温观测值与订正后的 RegCM3
模拟的日最低气温比较

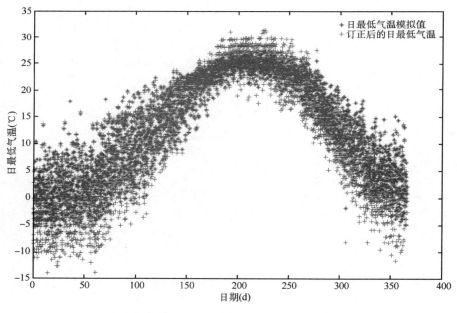

图 3.53　山东德州站 RegCM3 模拟的 2091—2100 年日最低气温
和订正后的日最低气温比较

3.4.1.2.3　日降水量的订正

在用 WOFOST 作物模型模拟冬小麦雨养产量时,要用到日降水量,日降水量的多少直接关系着冬小麦雨养产量的高低。因此,对 RegCM3 输出的日降水量进行订正,使日降水量尽量符合实际是非常重要的。

在北方麦区,由于日降水量在 1—3 月份较少,4—6 月份逐渐增多,7—8 月份最多,9 月份以后逐渐减少。因此,本文根据实际日降水量的时间分布将一年 365 d 分为第 1—100 d、第 101—180 d、第 181—250 d 及第 251—365 d 共 4 个时段。由于在大多数时间内,日降水量为 0,因此,在式(3.2)中样本总数不包括无降水日数。

由表 3.15 可以看到,第 1—100 d 实际观测的日降水量主要集中在 1.0~9.7 mm,有 149 个样本,占样本总数的 89%,而 RegCM3 气候模式模拟的日降水量普遍偏大,特别是观测的日降水量 1.0~9.7 mm 变化范围内,模拟的大部分降水量大于 20 mm,从 cf 来看,在第 1—100 d 内,模拟的日降水量普遍偏大,cf 的变化范围为 0.12~0.41,特别是观测的日降水量为 1.0~9.7 mm 时,cf 仅为 0.12,说明模拟的日降水量是观测值的 8.5 倍。第 2 个时段为第 101—180 d,这一时段内降水逐渐增多,表 3.16 显示,实际观测的降水量主要集中在 1.0~18.8 mm,有 284 个样本,为总样本数的 86%。从 cf 来看,在这一时段内模拟的降水量比实际的降水量偏多,其中 1.0~18.8 mm 降水量偏多较大,cf 仅为 0.22。表 3.17 为第 181—250 d(7—8 月份)降水量实际观测值与模拟值的比较,由表 3.17 可以看到,7—8 月份降水主要集中在 1.0~76.8 mm,日降水量大于 76.8 mm 的样本数比较少。另外,由表 3.17 还可以看到,实际观测的降水量大于 114.7 mm 的有 4 个样本,而 RegCM3 气候模式没有模拟出大于 100 mm 的降水。整体上 7—8 月份 RegCM3 模拟的日降水量比观测值偏小,cf 的变化范围在 1.85~3.28 之间,说明模拟的日降水量与实际观测值偏差较多。表 3.18 为第 251—365 d(9—12 月份)观测的日降水量与模拟的日降水量之间的比较及订正,由表 3.18 可以看到,9—12 月份降水量主要集中在 1.0~20.3 mm,模拟的日降水量比观测的日降水量明显偏大,cf 的变化范围在 0.26~0.58 之间,说明模拟的日降水量一般比观测的日降水量偏大 1 倍以上。

总体上,模拟的日降水量在 7—8 月份比实际观测的日降水量偏小,而其他月份模拟的日降水量比观测的日降水量偏大。如果作物模型直接应用模拟的数据进行评估,冬小麦一般 6 月份成熟,在冬小麦生长发育期间,模拟的日降水量就会比实际日降水量偏大,模拟的干旱对冬小麦产量的影响程度可能偏轻。

图 3.54(附彩图 3.54)为 1981—1990 年山东德州站点日降水量观测值与模拟值之间的比较,由图 3.54 也可以看到,除 7—8 月份外,其他大部分时段模拟的日降水量都比观测值偏大。图 3.55(附彩图 3.55)为山东德州站点观测的日降水量与订正后的模拟值之间的比较,通过图 3.55 可以看到,订正后的日降水量与观测值比较接近,1—5 月份模拟的日降水量偏高现象得以消除,夏季降水量也与观测值比较接近,特别是通过订正以后,模拟的日降水量大于 50 mm 的样本数增加。

风速和水汽压的订正方法与日降水量的方法一样,这里不再赘述。由于我国站点辐射资料较少,因此 WOFOST 作物模型用到的日辐射量没有进行订正,而是直接应用 RegCM3 气候模式输出的结果。我国日照资源丰富,即使对辐射资料没有进行订正,也不会对冬小麦的生长发育和产量形成构成影响。冬小麦的生长发育和产量形成主要受日最高气温、日最低气温和日降水量的影响,其他因子影响较小。

表 3.15   1961—1990 年山东德州站日降水量观测值和 RegCM3 模拟值的分段订正（第 1—100 d）

划分的 bins	样本数(n)	观测值		模拟值		cf T_{obs}/T_{RegCM3}
		日降水量分段（mm）	日平均降水量（mm）	日降水量分段（mm）	日平均降水量（mm）	
bin1	1	44.7~36.0	44.7	107.8~107.0	107.8	0.41
bin2	1	36.0~27.2	34.9	107.0~101.1	104.0	0.35
bin3	2	27.2~18.5	20.4	101.1~92.3	95.1	0.21
bin4	14	18.5~9.7	12.5	92.3~50.0	57.3	0.22
bin5	149	9.7~1.0	3.4	50.0~19.5	29.0	0.12

表 3.16   1961—1990 年山东德州站日降水量观测值和 RegCM3 模拟值的分段订正（第 101—180 d）

划分的 bins	样本数(n)	观测值		模拟值		cf T_{obs}/T_{RegCM3}
		日降水量分段（mm）	日平均降水量（mm）	日降水量分段（mm）	日平均降水量（mm）	
bin1	1	89.9~72.1	89.9	150.1~148.1	150.1	0.60
bin2	2	72.1~54.3	65.0	148.1~120.8	135.4	0.48
bin3	10	54.3~36.6	42.7	120.8~82.3	96.3	0.44
bin4	33	36.6~18.8	27.0	82.3~51.1	63.2	0.43
bin5	284	18.8~1.0	6.0	51.1~15.6	27.3	0.22

表 3.17   1961—1990 年山东德州站日降水量观测值和 RegCM3 模拟值的分段订正（第 181—250 d）

划分的 bins	样本数(n)	观测值		模拟值		cf T_{obs}/T_{RegCM3}
		日降水量分段（mm）	日平均降水量（mm）	日降水量分段（mm）	日平均降水量（mm）	
bin1	1	190.5~152.6	190.5	93.9~90.0	93.9	2.03
bin2	3	152.6~114.7	135.3	90.0~60.5	73.0	1.85
bin3	9	114.7~76.8	88.5	60.5~39.6	46.2	1.92
bin4	67	76.8~38.9	52.6	39.6~9.6	16.3	3.22
bin5	526	38.9~1.0	11.1	9.6~1.1	3.4	3.28

表 3.18   1961—1990 年山东德州站日降水量观测值和 RegCM3 模拟值的分段订正（第 251—365 d）

划分的 bins	样本数(n)	观测值		模拟值		cf T_{obs}/T_{RegCM3}
		日降水量分段（mm）	日平均降水量（mm）	日降水量分段（mm）	日平均降水量（mm）	
bin1	1	97.5~78.2	97.5	168.7~165.0	168.7	0.58
bin2	1	78.2~58.9	72.7	165.0~161.2	162.2	0.45
bin3	4	58.9~39.6	46.0	161.2~96.5	112.8	0.41
bin4	16	39.6~20.3	27.8	96.5~61.0	75.0	0.37
bin5	287	20.3~1.0	5.8	61.0~10.6	22.3	0.26

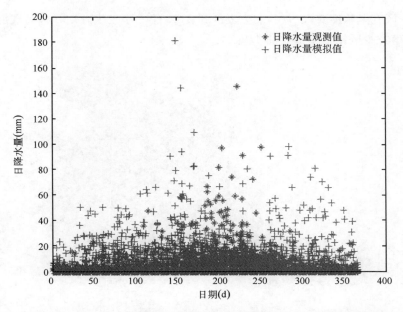

图 3.54　1981—1990 年山东德州站日降水量观测值与 RegCM3 模拟值的比较

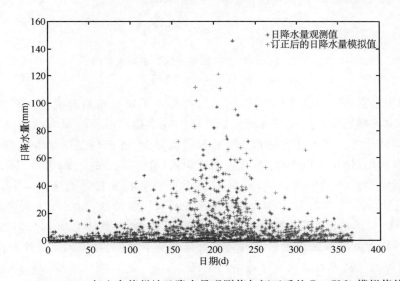

图 3.55　1981—1990 年山东德州站日降水量观测值与订正后的 RegCM3 模拟值的比较

3.4.2　RegCM3 模拟的气候变化分析

3.4.2.1　日最高气温的变化

本文首先分析了 2071—2100 年日最高气温的变化情况,图 3.56 为我国冬麦区冬小麦生育期平均日最高气温距平图(常年值为 1961—1990 年),2071—2100 年冬小麦生育期平均日最高气温比 1961—1990 年平均升高 3.0 ℃,但升温幅度地区间分布不均匀,北方冬麦区升温幅度较大,一般有 3.0～3.5 ℃,南方麦区一般升高 2.3～3.0 ℃。而且,南方麦区和北方麦区 2071—2100 年冬小麦生育期日最高气温持续升高,到 2100 年,平均升高 5 ℃左右,其中北方麦区比南方麦区升温幅度要大一些,北方麦区到 2100 年冬小麦生育期日最高气温比常年值升高 5.3 ℃,而南方麦区比常年值升高 4.9 ℃。

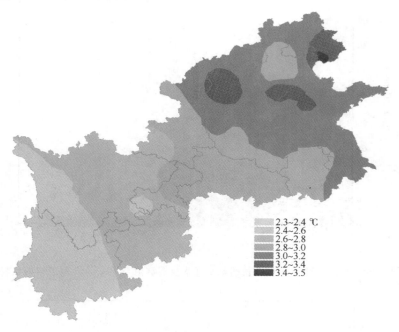

图 3.56 RegCM3 模拟的 2071—2100 年我国冬麦区冬小麦生育期平均日最高气温距平图
(常年值为 1961—1990 年)

我国冬小麦是喜欢凉爽条件的作物,气温过高会对干物质积累造成不良影响。高温环境对小麦的伤害有直接伤害和间接伤害两种。直接伤害是指高温直接影响细胞质的结构,如蛋白质变性、脂类液化等。间接伤害是指高温导致代谢异常,逐渐使植株受害,如通过降低光合作用,增强呼吸作用,使植株饥饿死亡;有害物质积累;破坏蛋白质合成;阻滞同化物质运输;加速蒸腾作用,影响根系活动等。总之,高温对冬小麦的生长发育是有害的,因此本研究利用 5—6 月日最高气温≥35 ℃的日数作为指标,研究未来气候情景下,冬小麦受高温影响程度。图 3.57 为 2071—2100 年高温日数距平,由图 3.57 可以看到,整体上 2071—2100 年高温日数呈增多趋势,且南方麦区和北方麦区高温日数变化差别不大,北方麦区高温日数比常年值平均偏高 3.2 d,南方麦区高温日数比常年值平均偏高 3.3 d。这说明气候变暖,日最高气温升高,高温日数也会逐渐增多,对冬小麦生长发育将产生不利影响。

3.4.2.2 日最低气温的变化

图 3.58 为 2071—2100 年我国冬麦区冬小麦生育期平均日最低气温距平图,由图 3.58 可见,2071—2100 年冬小麦生育期平均日最低气温比 1961—1990 年平均升高 3.1 ℃,而且升温幅度的地区分布不同,北方麦区日最低气温的升温幅度较大,一般为 3.0～3.7 ℃,南方麦区升温幅度相对较小,一般在 2.4～3.0 ℃之间,到 2100 年,北方麦区升高了 5.2 ℃,而南方麦区升高了 4.6 ℃。从升温幅度上看,日最低气温与日最高气温升温幅度差别不大。

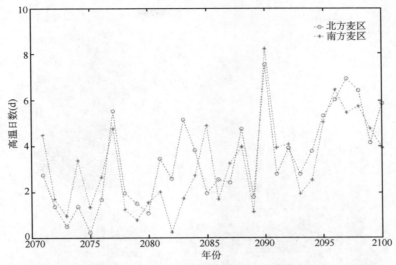

图 3.57 RegCM3 模拟的 2071—2100 年我国南北麦区高温(≥35 ℃)日数距平图
(常年值为 1961—1990 年)

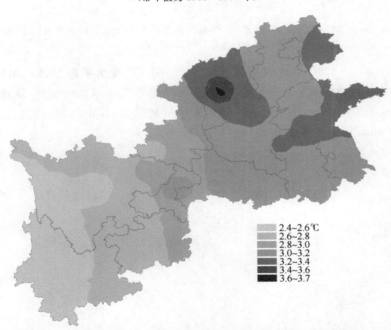

图 3.58 RegCM3 模拟的 2071—2100 年我国冬麦区冬小麦生育期平均日最低气温距平图
(常年值为 1961—1990 年)

3.4.2.3 降水量的变化

图 3.59 为 2071—2100 年我国冬麦区冬小麦生育期降水量距平图。由图 3.59 可见，2071—2100 年冬小麦生育期降水量比 1961—1990 年平均增多 92.1 mm(20.2%)，而且降水量增加幅度地区间分布不均匀:河北东部、山东、江苏、安徽、湖北东部、云南等地降水量增加较多，一般在 85 mm 以上;河北西部、山西、陕西、河南的大部地区降水量增加 72～85 mm;四川北部、重庆等地降水量增加较少，为 12～72 mm。

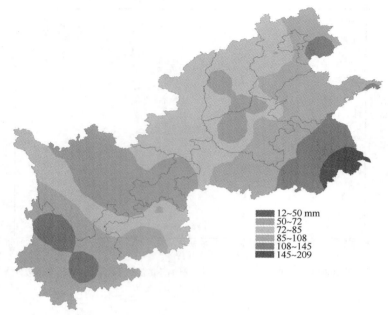

<figure>

12~50 mm
50~72
72~85
85~108
108~145
145~209
</figure>

图 3.59　RegCM3 模拟的 2071—2100 年我国冬麦区冬小麦生育期降水量距平图

（常年值为 1961—1990 年）

图 3.60 为 2071—2100 年我国冬麦区春季（3—5 月）降水量距平图。由图 3.60 可见，2071—2100 年春季降水量比 1961—1990 年平均增加 27.5 mm（15.9%）。从地区分布上看，除贵州南部降水减少外，大部冬麦区春季降水量呈增加趋势，其中河北、四川、云南增加较多，一般为 30～50 mm，其余大部地区在 10～30 mm 之间。

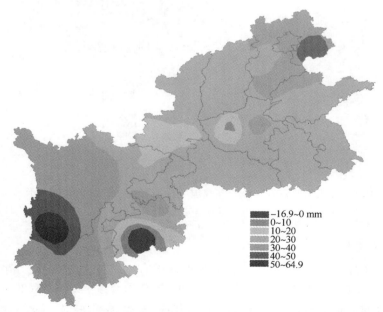

<figure>

-16.9~0 mm
0~10
10~20
20~30
30~40
40~50
50~64.9
</figure>

图 3.60　RegCM3 模拟的 2071—2100 年我国冬麦区春季降水量距平图

（常年值为 1961—1990 年）

　　RegCM3 模拟的中国地区年降水量 2071—2100 年比 1961—1990 年将增加 107.4 mm,而且 9—12 月份降水量增加最多,其次为春季的 3—4 月份(石英 2007)。区域模式 RegCM3 模拟的降水量变化与全球模式 FvGCM 的模拟表现出一定的相似性,但区域模式模拟的降水量增加幅度比全球模式的要小。总体上,全球模式和区域模式模拟的年降水量和春季降水量都是增加的。春季降水量的增加有利于我国北方地区冬小麦的生长,因为如果春季降水量增加,干旱发生频率和强度将减少、减轻,干旱对冬小麦正常生长的威胁将减少,从而有利于冬小麦产量的提高。

3.4.3　气候变化对冬小麦生长发育和产量的影响

　　假设 2071—2100 年我国冬小麦作物品种、土壤性质、农作物耕作管理措施不变,利用订正后的气候要素驱动作物模型 WOFOST,模拟 2071—2100 年气候变化对我国冬小麦生长发育及产量的影响。

3.4.3.1　气候变化对冬小麦发育期的影响

　　图 3.61(附彩图 3.61)为模拟的 1961—1990 年和 2071—2100 年气候变化对冬小麦开花期的影响对比分析。由图 3.61(a)可以看到,2071—2100 年冬小麦开花期呈明显下降趋势,即开花期随时间有提前的趋势。总体上,2071—2100 年冬小麦开花期比 1961—1990 年平均提前了 16.6 d。同时,各地区冬小麦开花期提前的日数分布也是不同的,由图 3.61(b)可以看到,我国冬小麦开花期提前了 7.4~23.7 d,其中江苏、安徽、湖北西部、河南南部开花期提前较多,为 18.7~23.7 d;山东、山西、陕西、河南北部、四川北部、湖北西部等地提前 15.0~18.7 d;其他地区冬小麦开花期也提前 7 d 以上。

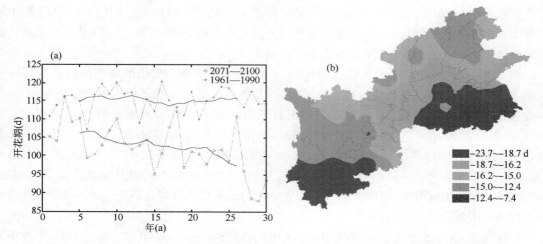

图 3.61　模拟的 2071—2100 和 1961—1990 年气候变化对冬小麦开花期的影响对比分析
(a)时间分布;(b)2071—2100 和 1961—1990 年开花期差值空间分布

　　气候变化对冬小麦成熟期的影响见图 3.62(附彩图 3.62)。由图 3.62(a)可见,整体上,2071—2100 年冬小麦成熟期呈提前趋势,2071—2100 年冬小麦成熟期比 1961—1990 年平均提前 15.9 d,地区分布见图 3.62(b)。由图 3.62(b)可以看到,冬小麦成熟期提前了 11.7~20.1 d,与冬小麦开花期分布相似,江苏、安徽、湖北、河南等地冬小麦成熟期提前较多,一般为

16.2～20.1 d;其他地区冬小麦成熟期提前日数也在 11.7～16.2 d 之间。冬小麦开花期和成熟期普遍提前对冬小麦的产量将会产生不利影响,这是因为生育期缩短直接导致冬小麦干物质积累和转移的时间减少,造成减产。同时,冬小麦成熟期提前将会对我国冬小麦产区的种植制度产生较大影响。

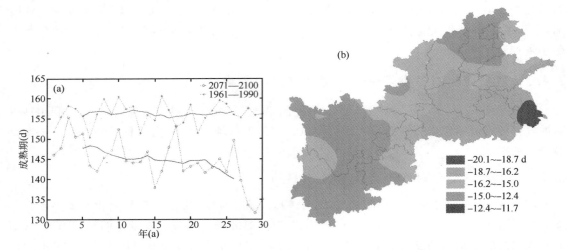

图 3.62 模拟的 2071—2100 和 1961—1990 年气候变化对冬小麦成熟期的影响对比分析
(a)时间分布;(b)2071—2100 和 1961—1990 年成熟期差值空间分布

3.4.3.2 气候变化对冬小麦潜在产量的影响

冬小麦潜在产量主要受到气温、日照等气象要素的影响,但不受降水的影响,在我国冬小麦产区由于日照充足,因此冬小麦潜在产量实际上受气温的影响最大。利用 RegCM3 输出的气候要素驱动作物模型,研究气候变化对冬小麦潜在产量的影响,实际上主要是研究未来气候变暖情景下,气温升高对冬小麦潜在产量的影响。

图 3.63(附彩图 3.63)中黑线是对 1961—1990 年 RegCM3 模拟的基准数据进行订正后驱动 WOFOST 作物模型模拟的结果,蓝线是不考虑 CO_2 肥效作用下模拟的 2071—2100 年冬小麦潜在产量,红线是考虑了 CO_2 肥效作用后模拟的 2071—2100 年冬小麦的潜在产量。由图 3.63 可以看到,在不考虑 CO_2 肥效作用时,2071—2100 年冬小麦潜在产量呈明显下降趋势,而且 2071—2100 年冬小麦潜在产量比 1961—1990 年平均减产 15%。从地区分布上看(见图 3.64 及附彩图 3.64),2071—2100 年与 1961—1990 年相比,华北大部减产最多,一般达到 20%～40%,陕西南部、河南南部、四川、重庆、贵州、云南西部等地减产 10%～20%,其余大部地区冬小麦减产在 10%以下。

如果考虑 CO_2 的肥效作用(附彩图 3.63 中红线),2071—2100 年比 1961—1990 年冬小麦潜在产量平均提高 4.5%,但同时发现 2071—2100 年冬小麦潜在产量呈明显下降趋势,这说明虽然考虑了 CO_2 的肥效作用,但气温升高仍然对冬小麦的潜在产量产生了不利影响。从地区分布上看(图 3.65,附彩图 3.65),我国冬小麦产区大部地区呈增产趋势,尤其是云南西部地区增产较多,但华北冬小麦产区冬小麦潜在产量仍呈减少趋势,其中河北北部和东部、山东北部减产达 10%～24%。

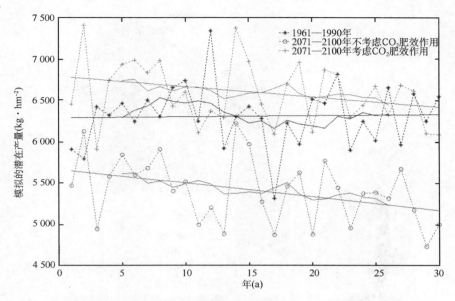

图 3.63　WOFOST 模拟的 1961—1990 年冬小麦潜在产量与 2071—2100 年
冬小麦潜在产量对比

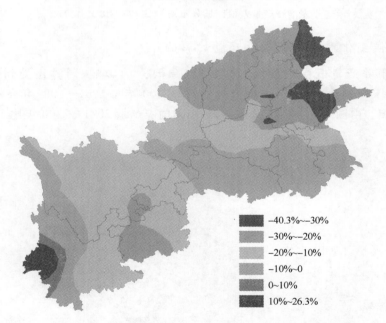

图 3.64　WOFOST 模拟的 2071—2100 年与 1961—1990 年
冬小麦潜在产量差值区域分布图(不考虑 CO_2 的肥效作用)

　　总体上,2071—2100 年气温升高将对冬小麦的潜在产量产生不利影响,在不考虑 CO_2 的肥效作用时,冬小麦潜在产量平均减少 15％,考虑 CO_2 的肥效作用时,冬小麦潜在产量比 1961—1990 年有所提高,但对华北地区,无论考虑 CO_2 的肥效作用与否,气温升高都将对冬小麦的潜在产量产生不利影响。

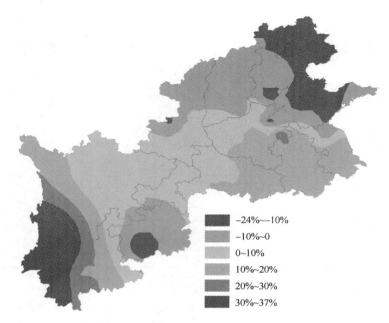

-24%~-10%
-10%~0
0~10%
10%~20%
20%~30%
30%~37%

图 3.65　WOFOST 模拟的 2071—2100 年与 1961—1990 年
冬小麦潜在产量差值区域分布图（考虑 CO$_2$ 的肥效作用）

3.4.3.3　气候变化对冬小麦雨养产量的影响

冬小麦的雨养产量既受到气温、日照等气象要素的影响，同时还受到降水的影响。图 3.66（附彩图 3.66）为 WOFOST 模拟的 2071—2100 年与 1961—1990 年冬小麦雨养产量差值区域分布图。由图 3.66 可见，总体上，冬小麦雨养产量 2071—2100 年比 1961—1990 年

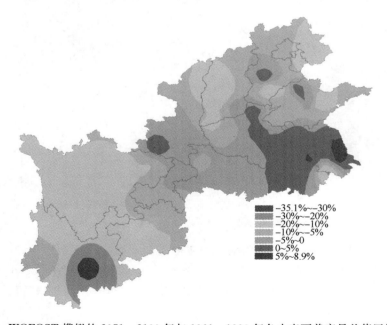

-35.1%~-30%
-30%~-20%
-20%~-10%
-10%~-5%
-5%~0
0~5%
5%~8.9%

图 3.66　WOFOST 模拟的 2071—2100 年与 1961—1990 年冬小麦雨养产量差值区域分布图

平均减少6%。与1961—1990年相比,除江苏、安徽冬小麦雨养产量偏多0~8.9%以外,大部冬小麦产区冬小麦雨养产量比1961—1990年偏少,其中四川、云南及贵州南部偏少较多,一般在10%以上,北方大部麦区偏少5%~10%。在不考虑降水时,北方地区冬小麦潜在产量偏少20%以上。由此可见,在我国北方麦区,一方面气温升高对冬小麦产量产生较大的不利影响,另一方面降水增多对冬小麦产量又产生了有利影响,减轻了气温升高引起的不利影响,但总体而言,气温升高和降水增多对冬小麦的综合影响还是不利的。江苏和安徽地区,在不考虑降水时,气温升高对冬小麦产量有不利影响,使冬小麦潜在产量减少0~10%;但在考虑降水以后,气温升高对冬小麦雨养产量产生了有利影响。湖北、四川等南方麦区在不考虑降水时,气温升高使冬小麦潜在产量减少幅度小于20%,考虑了降水以后,大部麦区冬小麦雨养产量减少幅度也在20%以下,说明虽然南方地区未来降水也呈增多趋势,但由于南方麦区降水基本能够满足冬小麦生长需要,因此降水增多对冬小麦产量影响不大。由此可以得出结论:降水增多对我国不同麦区影响不同。

3.4.3.4　气候变化情景下北方干旱对冬小麦产量的影响

图3.67为我国北方麦区2071—2100年与1961—1990年干旱对冬小麦产量影响对比图。由图3.67可以看到,2071—2100年干旱对冬小麦产量的影响比1961—1990年明显减轻,2071—2100年干旱对冬小麦产量的影响较小,因干旱冬小麦平均减产5.4%。干旱对冬小麦产量的影响减轻的主要原因是2071—2100年降水量增多,而我国北方麦区冬小麦的生长经常受到水分胁迫。

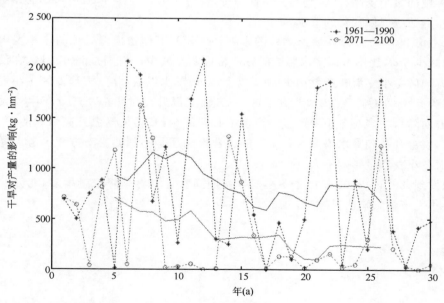

图3.67　我国北方麦区1961—1990和2071—2100年干旱对冬小麦产量影响对比图

3.4.4　小结

本章利用RegCM3区域气候模式模拟的2071—2100年气候情景,在假设我国冬小麦产区冬小麦品种、耕作管理措施、土壤条件不变的条件下,驱动WOFOST作物模型,模拟2071—

2100 年气候变化对我国冬小麦生长发育和产量的影响。

本章的气候情景来自于 RegCM3 区域气候模式,单向嵌套 NASA/NCAR 全球环流模式 FvGCM 的输出结果,对东亚和中国地区进行了实际温室气体浓度下当代 1961—1990 年和 IPCC A2 温室气体排放情景下 21 世纪末期 2071—2100 年各 30 a 时间长度,水平分辨率为 20 km 的气候变化模拟试验。

RegCM3 区域气候模式模拟结果显示,2071—2100 年我国冬麦区冬小麦生育期内平均日最高气温比 1961—1990 年将平均升高 3.0 ℃,平均日最低气温平均升高 3.1 ℃,但升温幅度地区间不均匀,北方麦区比南方麦区升温幅度大。另外,5—6 月高温(≥35 ℃)日数 2071—2100 年也比 1961—1990 年平均偏高 3.2 d。冬小麦生育期降水量 2071—2100 年比常年平均增多 92.1 mm,春季(3—5 月)降水量平均增多 27.5 mm。

利用 RegCM3 区域气候模式输出的气候情景驱动 WOFOST 作物模型,模拟结果显示,2071—2100 年冬小麦开花期比常年提前了 16.6 d,成熟期提前了 15.9 d。冬小麦开花期和成熟期普遍提前对冬小麦的产量将会产生不利影响,因为生育期缩短直接导致冬小麦干物质积累和转移的时间减少,造成减产。同时,冬小麦成熟期提前将会对我国冬小麦产区的种植制度产生较大影响。WOFOST 模拟显示,在不考虑降水和 CO_2 肥效作用时,受气温升高的影响,冬小麦潜在产量 2071—2100 年比常年平均减产 15%,而且华北地区减产最多,达到 20%～40%,即使考虑了 CO_2 的肥效作用后,华北地区冬小麦潜在产量减少幅度仍然达到 10%～24%。无论是否考虑 CO_2 的肥效作用,华北冬小麦的潜在产量都将减少,说明未来气候情景下,目前种植的冬小麦品种(特别是强冬性品种)都将不适合气候环境的要求,必须更换新的冬小麦品种,以适应气候变化的要求。

如果考虑 2071—2100 年降水增多的影响,WOFOST 作物模型模拟的冬小麦雨养产量比常年平均减少 6%,比不考虑降水影响时减产幅度明显减少。特别是北方地区,在没有考虑降水时,北方地区冬小麦潜在产量偏少 20% 以上,考虑降水以后,北方大部麦区冬小麦雨养产量偏少范围为 5%～10%。在我国北方麦区,一方面气温升高对冬小麦产量产生较大的不利影响,另一方面降水增多对冬小麦产量又产生了有利影响,减轻了气温升高引起的不利影响,但总体而言,气温升高和降水增多对冬小麦的综合影响还是不利的。南方麦区考虑降水增多的影响后,对冬小麦产量影响不大。

模拟发现,2071—2100 年由于冬小麦生育期降水量和春季降水量增多,北方冬小麦产区干旱对冬小麦产量影响明显减轻。

第4章　气候变化对我国南方水稻种植的影响

4.1　南方稻区农业气候资源变化

4.1.1　南方稻区活动积温变化

　　水稻属于喜温好湿的短日照作物,可以根据不同地区的热量、生长季、水分、日照、海拔高度、土壤等生态环境条件,生产条件,以及稻作特点划分水稻种植区域,进行水稻生产布局。其中热量资源是影响水稻布局的最重要因素。水稻热量资源一般用≥10 ℃的活动积温表示。活动积温是指植物在整个年生长期中大于或等于生物学最低温度的日平均气温之和,即大于或等于某一临界温度的日平均气温的总和。

　　最新研究表明,在全球气候变暖背景下,我国大部地区热量资源增加,作物生长季延长,喜温作物界线北移,进一步带动作物种植结构调整。1961—2009 年,我国南方稻区活动积温(≥10 ℃)明显增加,20 世纪 60 年代我国南方稻区平均活动积温为 5 712.8 ℃·d,70 和 80 年代分别为 5 686.3 和 5 677.0 ℃·d,而到了 90 年代,则上升为 5 809.8 ℃·d,比 60 年代增加了97.0 ℃·d,2001—2009 年上升到 5 980.8 ℃·d,比 60 年代增加了 268.0 ℃·d,比 80 年代增加了 303.8 ℃·d。1991—2009 年这 19 a 间,有 16 a 活动积温超过常年值,其中 1998 年活动积温最高,达到 6 144.9 ℃·d,比常年值偏高 420.6 ℃·d。2009 年活动积温为6 011.1 ℃·d,比常年值偏高 286.8 ℃·d(图 4.1)。

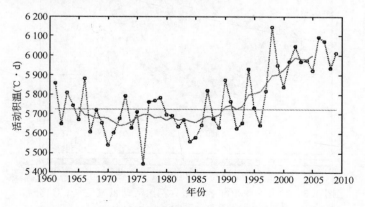

图 4.1　1961—2009 年我国南方稻区活动积温历年变化

　　水稻是我国的主要粮食作物之一,2000 年,全国水稻播种面积 2 996.2 万 hm²,占全国粮食播种面积的 27.6%,稻谷产量 18 791 万 t,占粮食作物产量的 40.7%。热量资源影响水稻的分布和分区,一般积温 2 000~5 300 ℃·d(≥10 ℃)的地区适于种植一季稻;5 300~

7 000 ℃·d的地区适于种植双季稻;7 000 ℃·d以上的地区可以种植三季稻。

20世纪60—80年代,我国热量资源分布变化不大,年活动积温(≥10 ℃)在7 000 ℃·d以上的地区主要为华南中南部,这些地区可以种植三季稻;年活动积温在5 300~7 000 ℃·d的地区包括湖南大部、江西、浙江中南部、福建大部、湖北东南部、四川和重庆的部分地区及云南南部(图4.2至图4.4)。

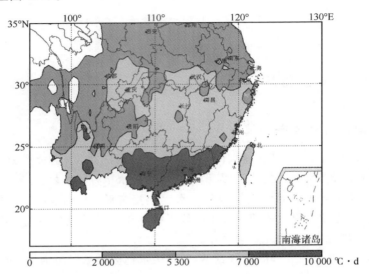

图4.2　1961—1970年我国南方稻区活动积温(≥10 ℃)分布
三季稻可种植区,　双季稻可种植区

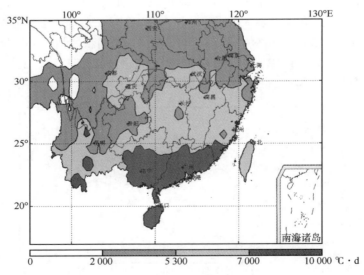

图4.3　1971—1980年我国南方稻区活动积温(≥10 ℃)分布
三季稻可种植区　双季稻可种植区

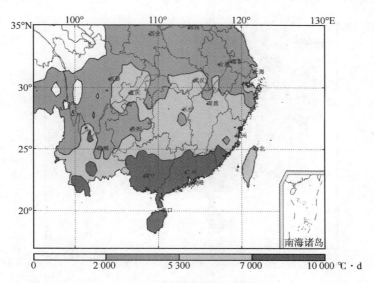

图 4.4　1981—1990 年我国南方稻区活动积温(≥10 ℃)分布
■三季稻可种植区　　■双季稻可种植区

　　20 世纪 90 年代和 2001—2009 年,5 300 ℃·d 双季稻安全界线和 7000 ℃·d 三季稻安全界线逐渐北移,双季稻北界向北推移了 2 个多纬度,近 300 km(图 4.5、图 4.6)。新增的双季稻可种植区包括四川东部、重庆大部、贵州东部、湖北大部、安徽大部和江苏南部。

　　RegCM3 模拟显示,2011—2020 年我国气候变暖趋势将进一步加剧,全国大部地区活动积温将持续升高,上述新增的双季稻可种植区热量资源将进一步增加,双季稻可种植区北界可能进一步北移(图 4.7)。上述地区应根据当地实际情况,科学调整农业种植结构,以尽快适应新的气候资源环境,提高气候资源的利用率。

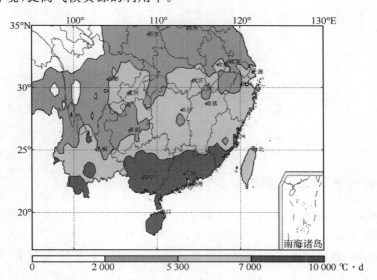

图 4.5　1991—2000 年我国南方稻区活动积温(≥10 ℃)分布
■三季稻可种植区　　■双季稻可种植区

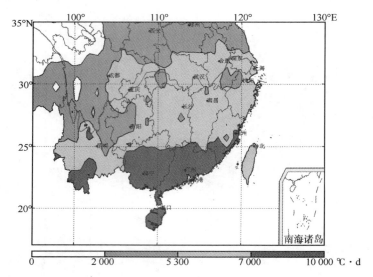

图 4.6 2001—2009 年我国南方稻区活动积温(≥10 ℃)分布

■三季稻可种植区 ■双季稻可种植区

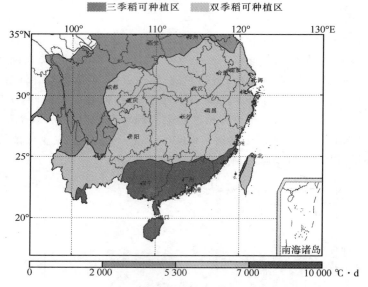

图 4.7 2011—2020 年我国南方稻区活动积温(≥10 ℃)分布

■三季稻可种植区 ■双季稻可种植区

4.1.2 南方稻区水稻生长季变化

生长季长度也决定着水稻的分布,在我国华南稻区早稻一般 2 月下旬开始播种,晚稻 11 月上旬成熟;江南稻区早稻一般 3 月中旬播种,晚稻 10 月中旬成熟。

1961—2009 年,我国南方稻区水稻生长季长度(日平均气温稳定通过 10 ℃初日至日平均气温稳定通过 20 ℃终日的间隔天数)明显增加(图 4.8),我国南方稻区水稻平均生长季长度 20 世纪 60 年代为 214.9 d;70 和 80 年代分别为 221.9 和 211.7 d;90 年代为 220.3 d,比 60 和 80 年代略有增加,但比 70 年代略有减少;2001—2009 年南方稻区水稻生长季长度增加到 231.4 d,比 20 世纪 60 年代增加了 16.5 d,比 20 世纪 80 年代增加了 19.7 d。由此可见,我国南方稻区水稻生长季长度自 21 世纪以来明显增加。

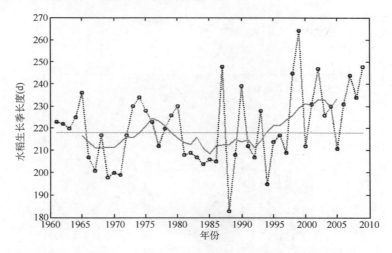

图 4.8　1961—2009 年我国南方稻区水稻生长季长度历年变化

我国三季稻区,籼稻和粳稻安全生育期一般在 270 d 以上;双季稻区,籼稻和粳稻安全生育期在 200 d 以上。水稻安全生育期在 270 d 以上一般可种植三季稻,安全生育期在 200 d 以上可种植两季稻。

图 4.9 至图 4.13 显示,从水稻安全生育期的角度看,随着气候变暖我国三季稻可种植区范围变化不大,但双季稻可种植区北界明显北移,特别是 21 世纪以来,北移范围非常明显。20世纪 60—90 年代,我国双季稻可种植区一般分布在长江以南地区,21 世纪以来(图 4.13),双季稻可种植区北界移到长江以北,包括四川东北部、贵州东部、重庆、湖北大部、安徽中南部以及江苏南部。与 20 世纪 90 年代相比(图 4.12),双季稻可种植区北界有明显的北移现象。

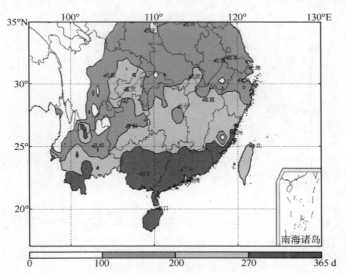

图 4.9　1961—1970 年我国南方稻区水稻生长季长度分布

三季稻可种植区　　双季稻可种植区

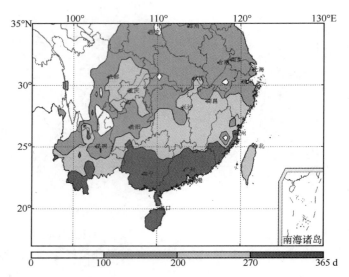

图 4.10　1971—1980 年我国南方稻区水稻生长季长度分布

　三季稻可种植区　　　双季稻可种植区

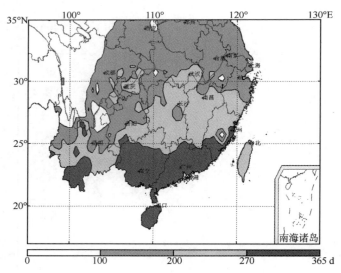

图 4.11　1981—1990 年我国南方稻区水稻生长季长度分布

　三季稻可种植区　　　双季稻可种植区

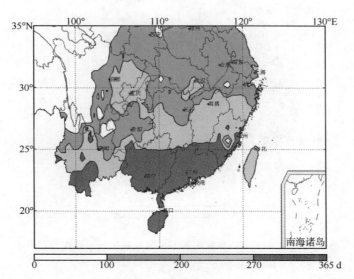

图 4.12　1991—2000 年我国南方稻区水稻生长季长度分布
■三季稻可种植区　■双季稻可种植区

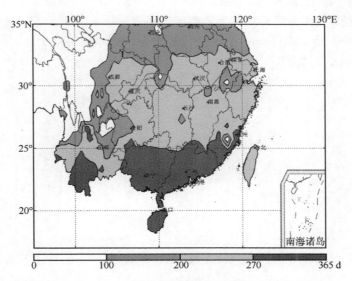

图 4.13　2001—2009 年我国南方稻区水稻生长季长度分布
■三季稻可种植区　■双季稻可种植区

　　RegCM3 模拟显示,2011—2020 年我国气候变暖趋势将进一步加剧,南方稻区水稻生长季长度将进一步延长,双季稻可种植区北界可能进一步北移(图 4.14),这一结论与用积温计算的双季稻可种植区北界北移的范围基本一致。

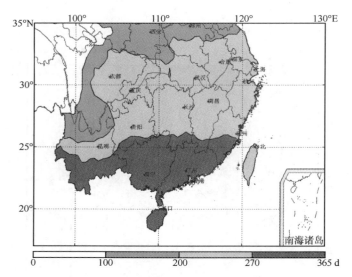

图 4.14　2011—2020 年我国南方稻区水稻生长季长度预估分布

　　三季稻可种植区　　　双季稻可种植区

4.1.3　南方稻区降水量变化

　　年降水量也影响着水稻的分布,我国双季稻区和三季稻区一般需要年降水量在 1 000 mm 以上。图 4.15 显示,气候变暖对我国南方稻区年降水量影响不大。20 世纪 60 年代,我国南方稻区平均年降水量为 1 379 mm;70,80 和 90 年代,年降水量持续增多,分别为 1 412,1 435 和 1 491 mm;21 世纪以来,年降水量略有减少,为 1 431 mm。

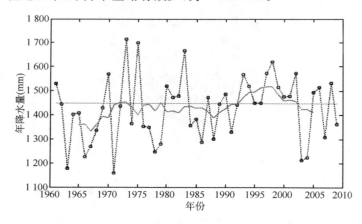

图 4.15　1961—2009 年我国南方稻区年降水量历年变化

　　另外,20 世纪 60 年代,我国海南大部、广西东部、广东、福建、江西等地年降水量在 1 500 mm 以上,南方其余大部稻区年降水量在 1 000～1 500 mm 之间(图 4.16);20 世纪 70 年代,年降水量在 1 500 mm 以上的地区变化不大,但四川和江苏年降水量在 1 000～1 500 mm 之间的地区有所减少(图 4.17);20 世纪 80 年代,广西年降水量在 1 500 mm 以上的地区有所减少,年降水量在 1 000～1 500 mm 之间的地区变化不大(图 4.18);20 世纪 90 年代,广西年降水量在 1 500 mm 以上的地区有所增大,但四川年降水量在 1 000～1 500 mm 之间的地区明显减少(图 4.19);21 世纪以来,浙江、安徽、江西年降水量在 1 500 mm以上的地区明显减少,四川和云南年降水量在 1 000~1 500 mm 之间的地区略有减少(图 4.20)。

　　总体上,1961—2009 年,在气候变暖背景下我国南方稻区年降水量变化不大,但 21 世纪以来,江苏、湖北、四川等地年降水量在 1 000~1 500 mm 之间的范围在减少的现象值得关注。

　　RegCM3 模拟显示,2011—2020 年我国南方稻区年降水量变化不大(图 4.21),未来10 a我国南方稻区年降水量对水稻可种植区影响较小。

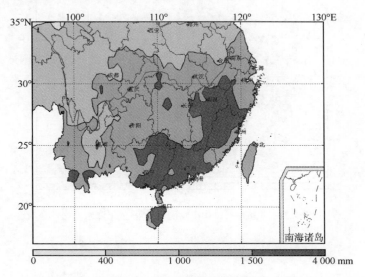

图 4.16　1961—1970 年我国南方稻区年降水量分布

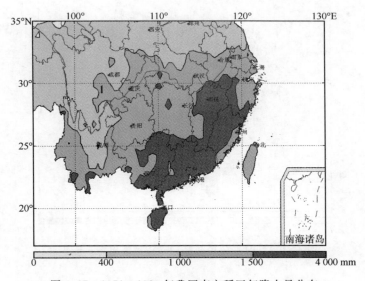

图 4.17　1971—1980 年我国南方稻区年降水量分布

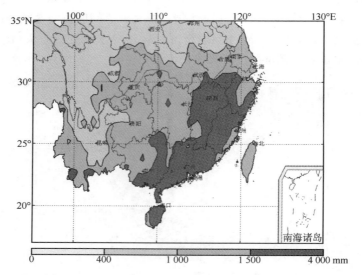

图 4.18   1981—1990 年我国南方稻区年降水量分布

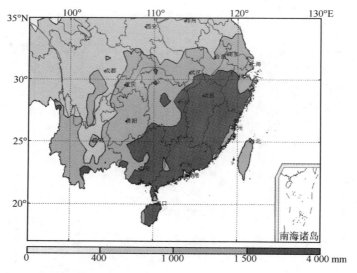

图 4.19   1991—2000 年我国南方稻区年降水量分布

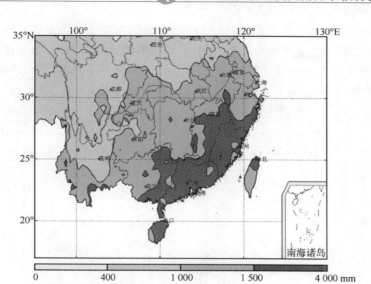

图 4.20　2001—2009 年我国南方稻区年降水量分布

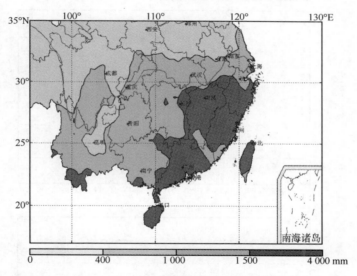

图 4.21　2011—2020 年我国南方稻区年降水量预估分布

4.2　南方稻区主要农业气象灾害变化

4.2.1　长江中下游高温日数变化的新特点、新趋势

6—7 月,长江以南大部地区早稻大多处于抽穗扬花和灌浆成熟期。8 月,长江流域一季稻处于抽穗扬花期,这段时期,长江流域及其以南地区正值副热带高压控制,高温天气较多。高温天气偏多,一方面将会导致水稻抽穗至成熟期的时间缩短,叶片同化能力降低;另一方面将会导致水稻空秕率不同程度地增加,影响水稻的产量和质量。

6 月份,长江中下游开始出现高温天气(≥35 ℃)。6 月上旬,长江中下游高温天气常年为

0.3 d,2001—2009 年平均为 0.5 d;6 月中旬,高温天气常年为 0.4 d,2001—2009 年平均为
0.8 d;6 月下旬,高温天气常年为 0.6 d,2001—2009 年平均为 1.7 d。值得注意的是,2005 年
以来,长江中下游 6 月下旬高温日数明显增多,2005—2009 年平均为 2.1 d(图 4.22)。

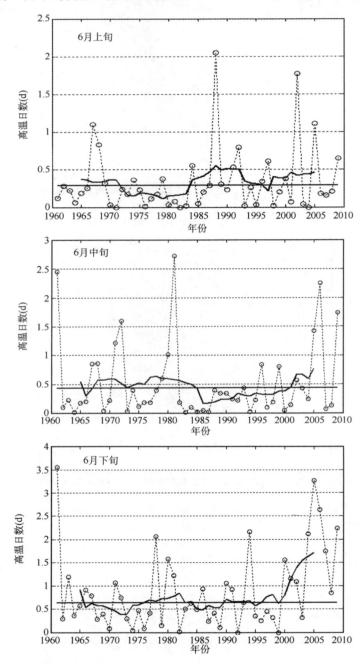

图 4.22   1961—2009 年 6 月上、中、下旬长江中下游高温日数变化

　　7 月份,长江中下游高温日数明显增多。7 月上旬,长江中下游高温日数常年为 1.9 d,
2000 年以后,高温日数平均为 2.6 d;7 月中旬,高温日数常年为 2.7 d,2000 年以后,高温日数

平均为 3.5 d;7 月下旬,高温日数平均为 3.2 d,2000—2009 年高温日数平均为 4.5 d。总体上,长江中下游 7 月下旬高温日数最多,且近 20 a 来明显增多(图 4.23)。

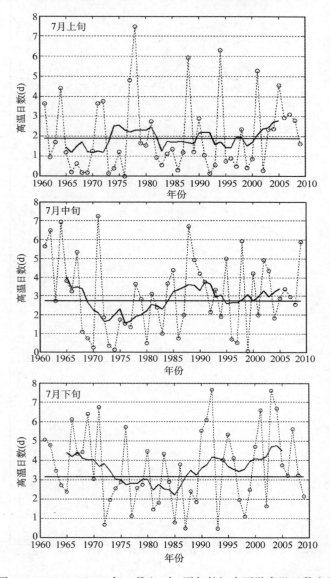

图 4.23　1961—2009 年 7 月上、中、下旬长江中下游高温日数变化

8 月份,长江中下游高温日数开始减少。8 月上旬,长江中下游高温日数平均为 2.9 d,且近 10~20 a 来,高温日数呈略有减少趋势;8 月中旬,高温日数平均为 1.5 d,且没有增加趋势;8 月下旬,高温日数平均为 1.2 d。总体上,8 月上旬,高温日数略多,8 月中旬以后,高温日数逐渐减少(图 4.24)。

总体上,夏季(6—8 月)长江中下游高温日数平均有 14.7 d,2000 年以来,特别是 6 月下旬和 7 月下旬,高温日数明显增多。

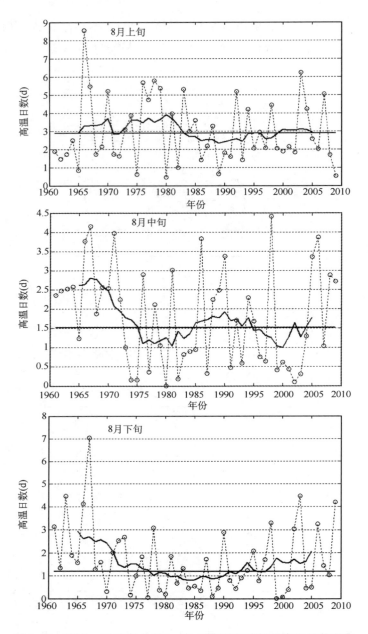

图 4.24   1961—2009 年 8 月上、中、下旬长江中下游高温日数变化

4.2.2   华南地区高温日数变化的新特点、新趋势

6 月份,华南开始出现高温(≥35 ℃)天气。6 月上旬,华南高温日数平均为 0.5 d;6 月中旬平均为 0.6 d;6 月下旬平均为 0.8 d,2000 年以来,6 月下旬高温日数明显增多,平均有 1.6 d(图 4.25)。

7 月份,华南高温日数明显增多。7 月上旬,华南高温日数平均为 1.5 d;7 月中旬,高温日数平均为 1.9 d,2000 年以来,高温日数一般在 2~5 d;7 月下旬,高温日数平均为 2.2 d,且

2000 年以来,高温日数明显增多,一般为 2～5 d(图 4.26)。

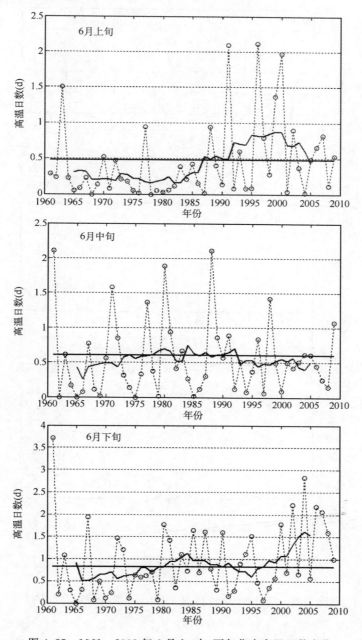

图 4.25 1961—2009 年 6 月上、中、下旬华南高温日数变化

8 月份,华南高温日数开始减少。8 月上旬,华南高温日数平均为 1.7 d,近 10 a 来,高温日数呈明显增加趋势;8 月中旬,高温日数平均为 1.4 d;8 月下旬,高温日数平均为 1.2 d。总体上,8 月上旬,高温日数略多,且近 10 a 来呈增加趋势,8 月中旬以后,高温日数逐渐减少(图 4.27)。

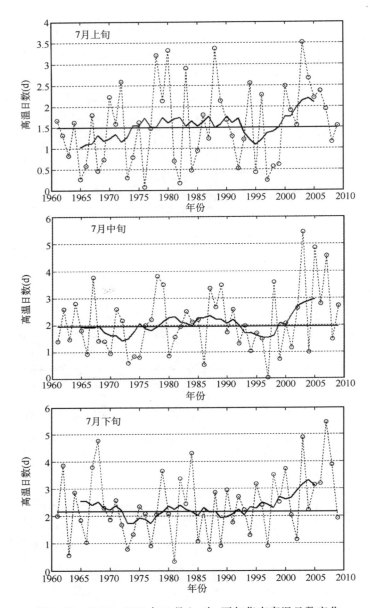

图 4.26　1961—2009 年 7 月上、中、下旬华南高温日数变化

　　总体而言,华南夏季高温日数平均为 11.8 d,2000 年以来,高温日数明显增多,特别是 6 月下旬至 8 月上旬。近 10 a 来,我国南方稻区夏季高温日数明显增多,早稻灌浆期热害日益突出,不仅影响水稻产量,也会影响稻米质量,因此迫切需要研究减轻高温危害的技术措施,如培育耐热品种等。

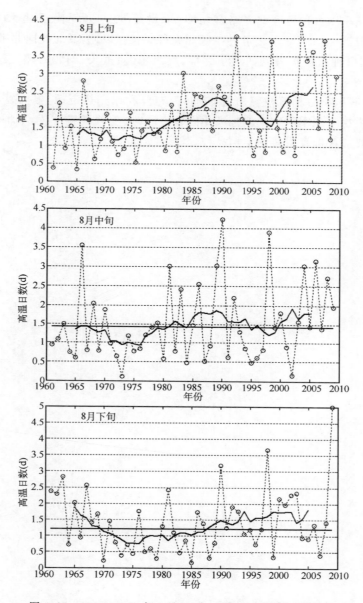

图 4.27　1961—2009 年 8 月上、中、下旬华南高温日数变化

4.3　小结

最新研究表明,1961—2009 年,我国平均气温升高了 1.5 ℃,且北方升温幅度高于南方;我国年平均降水量没有明显的变化趋势,东部的大部分地区降水呈减少趋势,西部的大部分地区降水呈增加趋势。气候变暖使我国南方稻区活动积温(≥10 ℃)增加,2001—2009 年上升到 5 980.8 ℃·d,比 20 世纪 60 年代增加了 268.0 ℃·d;同时水稻生长季也明显延长,2001—2009 年南方水稻生长季为 231.4 d,比 20 世纪 60 年代增加了 16.5 d。

近 20 a 来我国南方稻区活动积温明显增加,水稻生长季长度明显延长,双季稻可种植区北界明显北移,三季稻可种植区北界略有北移,20 世纪 60—80 年代,双季稻可种植区仅限于长江以南地区,但近 10 a 来双季稻可种植区北界移到长江以北,其北界向北推移近 300 km,从而使新增双季稻可种植区扩展到四川东北部、贵州东部、重庆、湖北大部、安徽中南部及江苏南部。

气候变暖使我国南方稻区热量资源增加,为充分利用光热资源、提高复种指数创造了条件,但应着力解决扩大双季稻生产的机械化问题。同时,随着气候变暖,早稻灌浆期热害日益突出,也迫切需要加快选育耐热的早稻品种,减轻高温危害。

第 5 章　气候变化对东北地区水稻和玉米种植的影响

东北地区是我国主要的商品粮生产基地之一,2009 年,东北地区农作物播种面积为 1 894.3 万 hm²,占全国农作物播种面积的 17.4%;粮食总产量达 8 404 万 t,占全国粮食总产量的 15.8%。东北地区粮食产量的丰歉直接影响着全国粮食的供给。但与其他地区相比,东北地区热量资源不足,农业气象灾害(低温冷害、干旱、霜冻等)频发、多发,严重威胁着东北地区的粮食生产。受全球气候变暖的影响,20 世纪 90 年代以来东北地区气温明显升高,热量资源得到明显改善,农业气象灾害时空分布变化显著,对东北地区农业生产有深远影响。

5.1　东北地区农业气候资源变化

5.1.1　东北地区活动积温变化

东北地区绝大多数县(市)农业生产实行一熟制,主要农作物有玉米、水稻、大豆等,这些作物的生长季节一般处于 5—9 月份,即在 5 月初播种,9 月下旬收获。本文采用日平均气温≥10 ℃的活动积温表示东北地区的热量状况。

1961—2010 年,我国东北地区活动积温(≥10 ℃)明显增加。20 世纪 60 年代我国东北地区平均年活动积温为 2 905.4 ℃·d;70 和 80 年代分别为 2 871.4 和 2 949.0 ℃·d;90 年代上升为 3 030.1 ℃·d,比 60 年代增加了 124.7 ℃·d;2001—2010 年上升到 3 131.4 ℃·d,比 20 世纪 60 年代增加了 226.0 ℃·d。1991—2010 年这 20 a 间,活动积温全都超过常年值,其中 2010 年活动积温为 3 052.5 ℃·d,比常年值偏高 102.3 ℃·d(图 5.1)。可见,我国东北地区活动积温在 20 世纪 90 年代明显增加。

20 世纪 60—80 年代,我国东北地区热量资源分布变化不明显,年活动积温(≥10 ℃)在 3 000 ℃·d 以上的地区主要为辽宁大部和吉林中西部,这些地区可以种植生长季较长的作物;年活动积温在 2 700~3 000 ℃·d 的地区包括黑龙江西南部、东部的部分地区及吉林中部(图 5.2 至图 5.4)。1991—2010 年,东北地区活动积温在 3 000 ℃·d 以上的地区和 2 700~3 000 ℃·d 之间的地区明显扩大(图 5.5、图 5.6)。

国家气候中心利用区域气候模式 RegCM3 模拟显示,2011—2020 年我国东北地区气候变暖趋势将进一步加剧,东北大部地区活动积温将持续升高(图 5.7)。

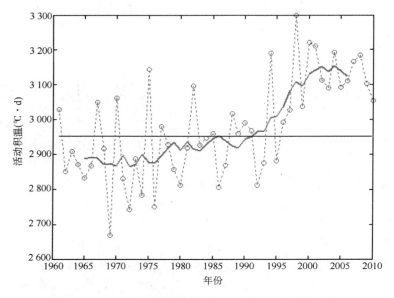

图 5.1   1961—2010 年我国东北地区活动积温历年变化

虚线为历年积温,实折线为 10 a 滑动平均

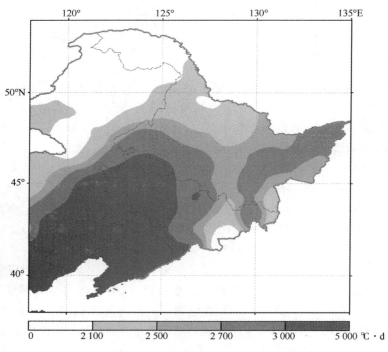

图 5.2   1961—1970 年我国东北地区活动积温(≥10 ℃)分布

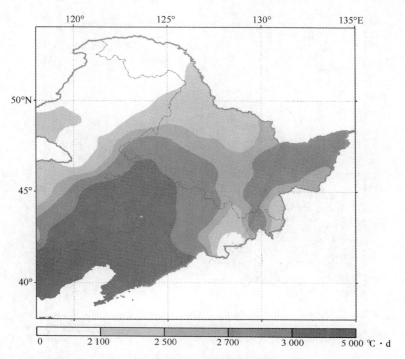

图 5.3　1971—1980 年我国东北地区活动积温(≥10 ℃)分布

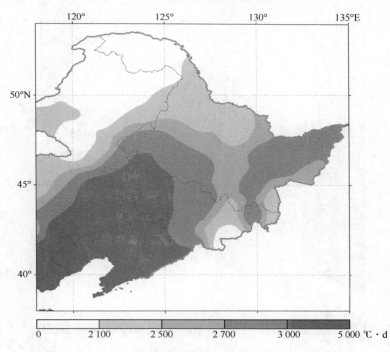

图 5.4　1981—1990 年我国东北地区活动积温(≥10 ℃)分布

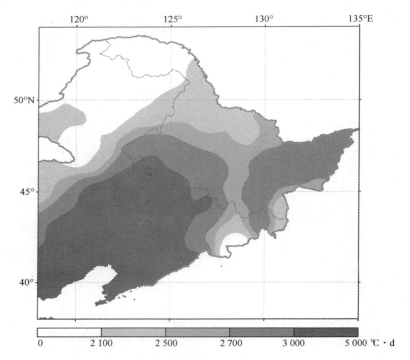

图 5.5　1991—2000 年我国东北地区活动积温(≥10 ℃)分布

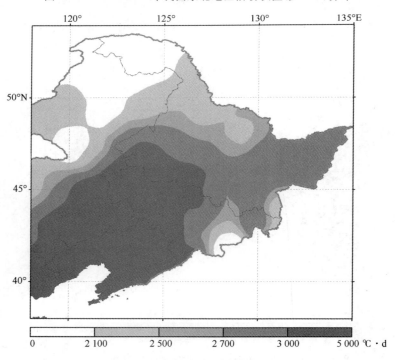

图 5.6　2001—2010 年我国东北地区活动积温(≥10 ℃)分布

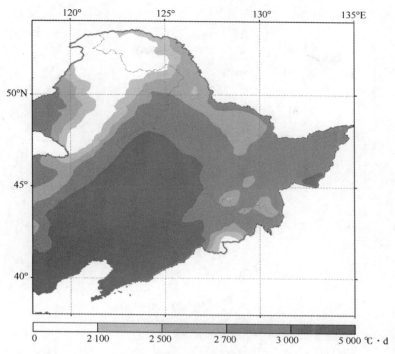

图 5.7　2011—2020 年我国东北地区活动积温(≥10 ℃)预估分布

5.1.2　东北地区农作物生长季变化

生长季长度决定着农作物的种植结构及产量,我国东北地区农作物一般 5 月份播种,9 月份收获。在本文中定义生长季开始日期为春季日平均气温稳定通过 8 ℃初日(春玉米播种),生长季结束日期定义为霜冻初日(地面最低气温等于或小于 0 ℃),生长季开始日期与结束日期之间的日数为生长季长度。

5.1.2.1　生长季开始日期变化

资料分析表明,20 世纪 60—80 年代,东北地区生长季开始日期平均出现在 4 月 20 日;20世纪 90 年代以后,受全球变暖的影响,东北地区生长季开始日期逐渐提前,20 世纪 90 年代以来东北地区生长季开始日期平均出现在 4 月 18 日,与 20 世纪 60 年代相比,提前了 2 d。2010年生长季开始日期为 4 月 25 日,比常年明显偏晚(图 5.8)。

从分布图(图 5.9 至图 5.13)可以看到,20 世纪 60 和 70 年代,我国辽宁生长季开始日期一般在 4 月上、中旬,随着气候变暖,2001 年以来辽宁大部地区生长季开始日期一般出现在4 月上旬;吉林中东部地区 20 世纪 60 年代生长季开始日期一般出现在 4 月中旬,东部地区出现在 4 月下旬,而 2001 年以来吉林南部部分地区出现在 4 月上旬;黑龙江大部 20 世纪 60 年代生长季开始日期出现在 4 月下旬,2001 年以来南部部分地区出现在 4 月中旬。这说明东北地区受气候变暖的影响,农作物安全播种期(玉米)一般有所提前。

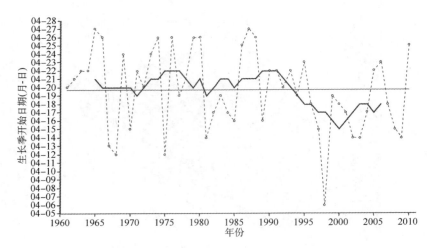

图 5.8　1961—2010 年东北地区生长季开始日期历年变化

虚线为历年生长季开始日期,实折线为 10 a 滑动平均

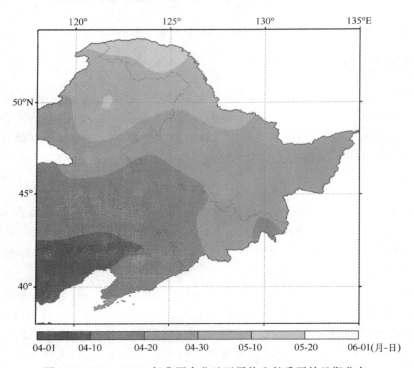

图 5.9　1961—1970 年我国东北地区平均生长季开始日期分布

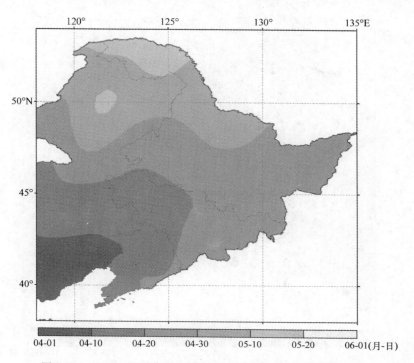

图 5.10　1971—1980 年我国东北地区平均生长季开始日期分布

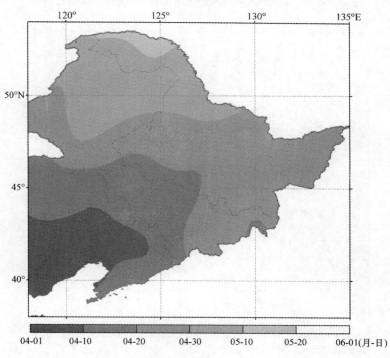

图 5.11　1981—1990 年我国东北地区平均生长季开始日期分布

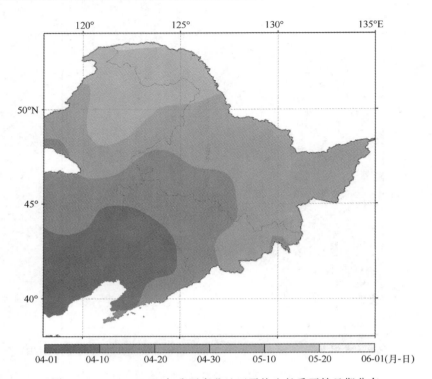

图 5.12   1991—2000 年我国东北地区平均生长季开始日期分布

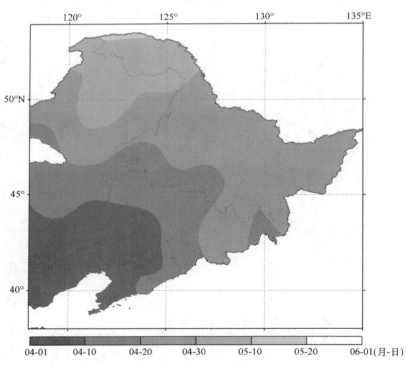

图 5.13   2001—2010 年我国东北地区平均生长季开始日期分布

　　国家气候中心利用区域气候模式 RegCM3 模拟显示,2011—2020 年我国东北地区生长季开始日期将进一步提前(图 5.14)。

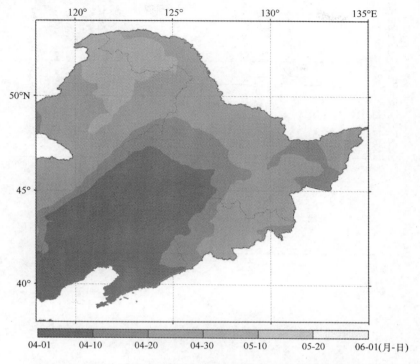

120°　　　　　125°　　　　　130°　　　　　135°E

04-01　　04-10　　04-20　　04-30　　05-10　　05-20　　06-01(月-日)

图 5.14　2011—2020 年我国东北地区平均生长季开始日期预估图

5.1.2.2　生长季结束日期变化

　　分析表明,东北地区作物生长季结束日期在 20 世纪 60 和 70 年代变化不大,生长季结束日期平均出现在 9 月 23 日和 24 日;20 世纪 80—90 年代,生长季结束日期缓慢延迟,80 年代平均出现在 9 月 26 日,90 年代平均出现在 9 月 27 日;2001 年以来平均出现在 9 月 30 日,与20 世纪 60 年代相比,2001 年以来东北地区生长季结束日期延迟了 7 d;2010 年东北地区作物生长季结束日期为 9 月 24 日,比常年偏早 2 d(图 5.15)。

　　作物生长季结束日期分布图(图 5.16 至图 5.20)显示,随着气候变暖,东北大部地区生长季结束日期都明显延长。20 世纪 60 和 70 年代,辽宁大部地区生长季结束日期一般出现在 10月上旬,而 2001 年以来,辽宁中南部地区生长季结束日期一般出现在 10 月中旬,北部地区出现在 10 月上旬;吉林大部地区 20 世纪 60 年代生长季结束日期出现在 9 月下旬,东部部分地区出现在 9 月中旬,随着气候变暖,2001 年以来吉林中东部出现在 10 月上旬,东部部分地区出现在 9 月下旬;黑龙江东部和南部 20 世纪 60 年代生长季结束日期出现在 9 月下旬,而 2001年以来出现在 9 月下旬至 10 月上旬。由此可见,东北地区由于气候变暖,生长季结束日期(初霜冻日期)出现不同程度的延迟现象,对农作物的灌浆成熟非常有利。

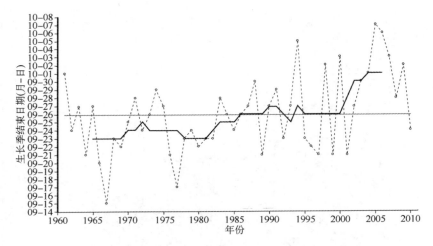

图 5.15   1961—2010 年东北地区生长季结束日期历年变化

虚线为历年生长季结束日期,实折线为 10 a 滑动平均

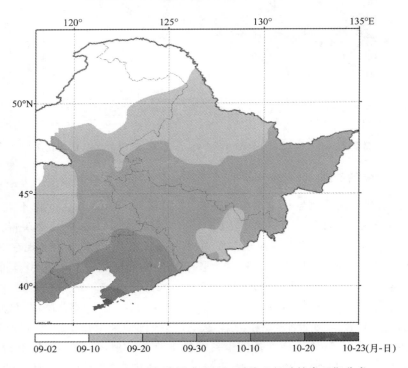

图 5.16   1961—1970 年我国东北地区平均生长季结束日期分布

国家气候中心利用区域气候模式 RegCM3 模拟显示,2011—2020 年我国东北地区平均生长季结束日期将进一步延迟(图 5.21)。

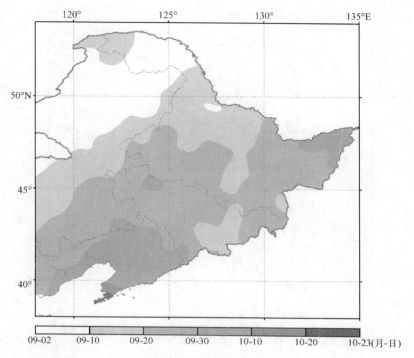

图 5.17　1971—1980 年我国东北地区平均生长季结束日期分布

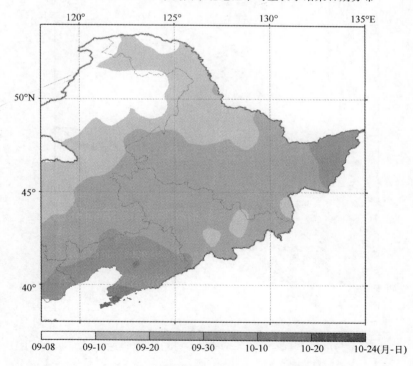

图 5.18　1981—1990 年我国东北地区平均生长季结束日期分布

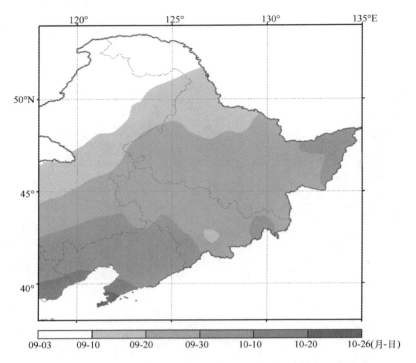

图 5.19   1991—2000 年我国东北地区平均生长季结束日期分布

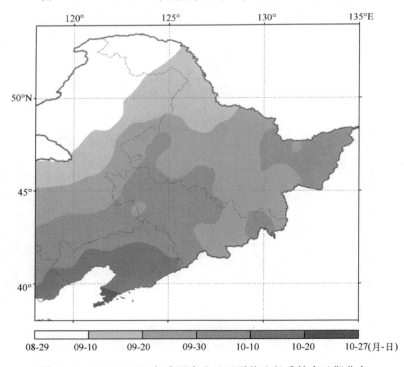

图 5.20   2001—2010 年我国东北地区平均生长季结束日期分布

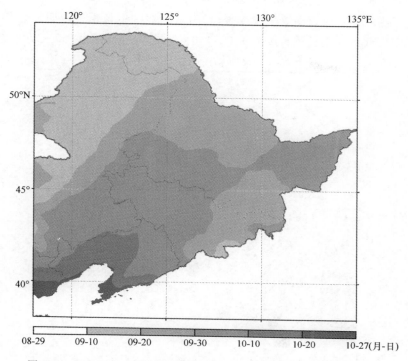

图 5.21　2011—2020 年我国东北地区平均生长季结束日期预估分布

5.1.2.3　生长季长度变化

　　生长季开始日期与结束日期之间的日数为生长季长度。1961—2010 年,我国东北地区生长季长度明显增加(图 5.22),20 世纪 60 和 70 年代我国东北地区平均生长季长度为 155.6 d;20 世纪 80 年代以后生长季长度有所延长,80 和 90 年代分别为 158.3 和 161.7 d;2001 年以后东北地区生长季长度明显延长,2001—2010 年东北地区生长季长度达到 165.0 d,比 60 年代增加了 8.7 d,比 80 年代增加了 6.7 d。由此可见,受全球变暖的影响我国东北地区生长季长度自 20 世纪 90 年代以来明显延长。

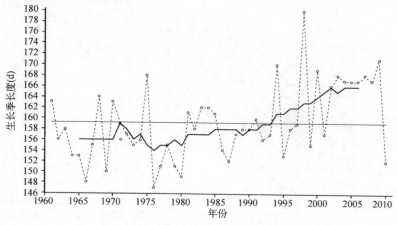

图 5.22　1961—2010 年我国东北地区生长季长度历年变化

虚线为历年生长季长度,实折线为 10 a 滑动平均

　　图 5.23 至图 5.27 显示,随着气候变暖,我国东北地区生长季长度明显延长。20 世纪 60 年代,我国辽宁大部地区生长季长度为 170～190 d,吉林南部地区为 160～170 d,吉林北部和黑

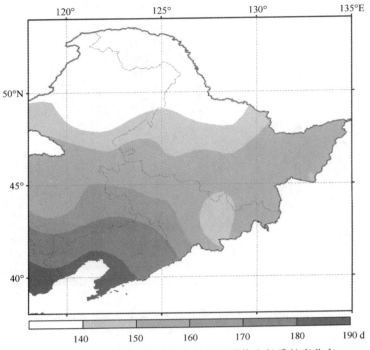

图 5.23　1961—1970 年我国东北地区平均生长季长度分布

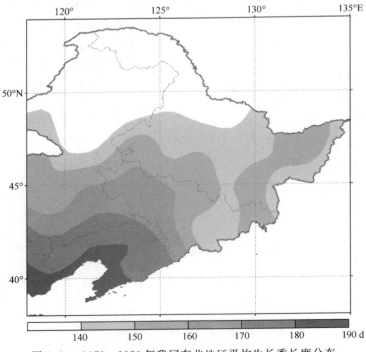

图 5.24　1971—1980 年我国东北地区平均生长季长度分布

龙江东部地区为 150～160 d。2001—2010 年,辽宁大部地区生长季长度在 180 d 以上,吉林大部和黑龙江南部为 160～170 d,其余大部地区不足 160 d。

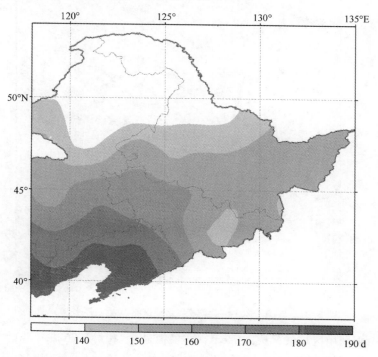

图 5.25　1981—1990 年我国东北地区平均生长季长度分布

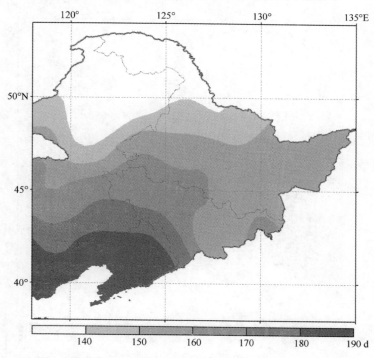

图 5.26　1991—2000 年我国东北地区平均生长季长度分布

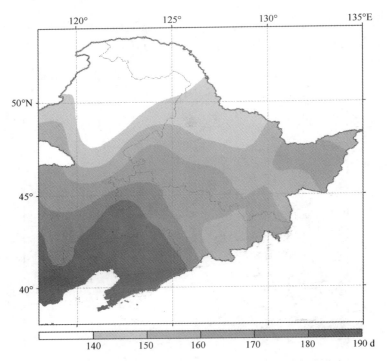

图 5.27   2001—2010 年我国东北地区平均生长季长度分布

国家气候中心利用区域气候模式 RegCM3 模拟显示,2011—2020 年我国东北地区生长季长度将进一步延长(图 5.28)。

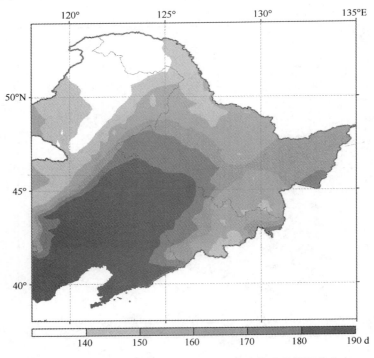

图 5.28   2011—2020 年我国东北地区平均生长季长度预估分布

5.1.3　东北地区降水量变化

东北地区年降水量一般为 600 mm,20 世纪 60 年代,平均年降水量为 612.5 mm;70 年代略有减少,为 581.2 mm;80 年代为 622.7 mm;90 年代为 597.4 mm;2001—2010 年为 581.5 mm,比 20 世纪 60 年代减少 31.0 mm,其中 2010 年东北地区年降水量为 767.2 mm,比常年偏多 167.2 mm(图 5.29)。

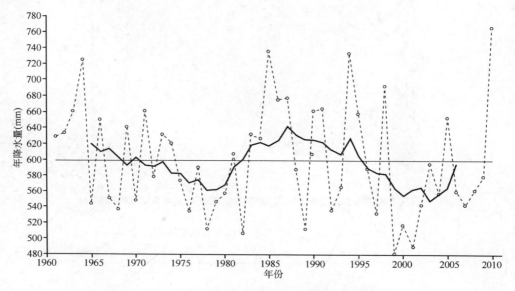

图 5.29　1961—2010 年我国东北地区年降水量历年变化

虚线为历年年降水量,实折线为 10 a 滑动平均

1961—1970 年,辽宁中东部、吉林东部和黑龙江中部的部分地区年降水量在 600～800 mm,其中辽宁东北部、吉林东南部在 800 mm 以上,东北其余大部地区为 400～600 mm(图 5.30)。1971—1980 年,辽宁中东部、吉林东部年降水量为 600～800 mm,其中辽宁东北部、吉林东南部在 800 mm 以上;东北其余大部地区为 400～600 mm,但吉林西部和黑龙江西南部却少于 400 mm(图 5.31)。1981—1990 年,东北地区年降水量空间分布(图 5.32)与 1961—1970 年相似。1991—2000 年,除吉林西部年降水量在 400 mm 以下外,其他地区年降水量与往年变化不大(图 5.33)。2001—2010 年,辽宁中东部、吉林东部年降水量为 600～800 mm,其中辽宁东北部、吉林东南部在 800 mm 以上;东北其余大部地区为 400～600 mm,但吉林西部和黑龙江西南部降水量不足 400 mm(图 5.34)。

总体上,东北地区年降水量呈西北少、东南多的空间分布形势。特别是辽宁东北部、吉林东南部年降水量在 800 mm 以上,局部超过 1 000 mm。但值得注意的是,2001 年以来,吉林西部和黑龙江西南部年降水量不足 400 mm。400 mm 年降水量是我国半湿润和半干旱地区分界线,吉林西部和黑龙江西南部近 10 a 来年降水量不足 400 mm,导致干旱频繁发生,对农业生产造成极大影响。

国家气候中心利用区域气候模式 RegCM3 模拟显示,2011—2020 年我国东北地区年降水量变化不大,但吉林西部、黑龙江西南部年降水量少于 400 mm 的范围将进一步扩大(图 5.35)。

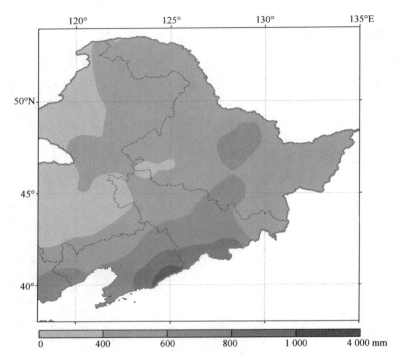

图 5.30   1961—1970 年我国东北地区年降水量分布

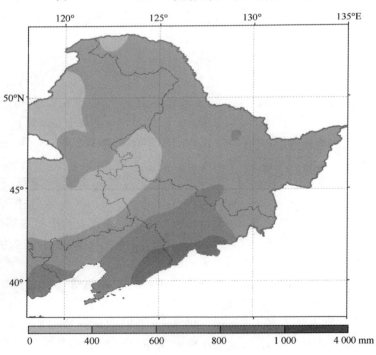

图 5.31   1971—1980 年我国东北地区年降水量分布

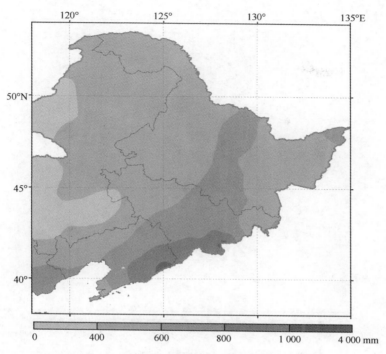

图 5.32   1981—1990 年我国东北地区年降水量分布

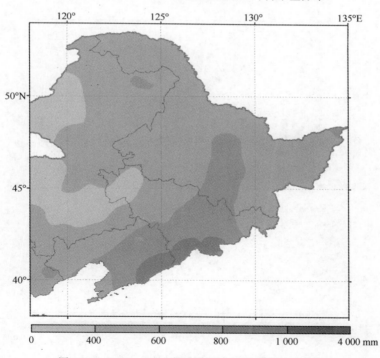

图 5.33   1991—2000 年我国东北地区年降水量分布

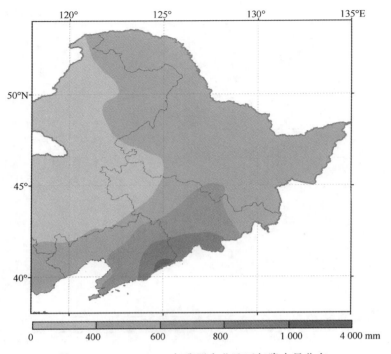

图 5.34 2001—2010 年我国东北地区年降水量分布

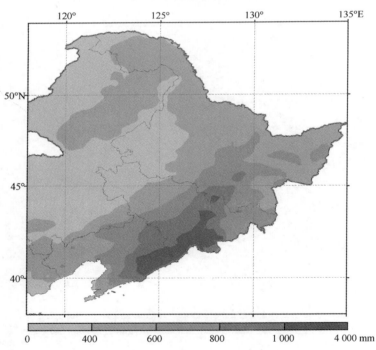

图 5.35 2011—2020 年我国东北地区年降水量预估分布

5.2 东北地区农业气象灾害变化

5.2.1 东北地区夏季低温冷害变化

夏季低温冷害是东北地区最严重的气象灾害之一,严重的低温冷害是影响东北地区作物高产、稳产的主要因素之一。1993,1998,2001 和 2003 年东北地区东部 7 月份出现阶段性严重低温天气,使多数县(市)减产 40% 左右,部分乡镇绝产。一般情况下,当日平均气温低于 18 ℃时,农作物的生长发育就会受到一定程度的不利影响。7 月份,东北大部地区一季稻处于孕穗期,当日平均气温低于 17 ℃时,会发生障碍型冷害;8 月份,东北大部地区一季稻处于抽穗开花期,当日平均气温低于 19 ℃时,会发生障碍型冷害(中国气象局 2009)。因此本文分析 6 月份日平均气温低于 18 ℃的低温日数,7 月份日平均气温低于 17 ℃的低温日数,以及 8 月份日平均气温低于 19 ℃的低温日数。

6 月份,东北地区低温日数呈减少趋势。黑龙江常年日平均气温低于 18 ℃的低温日数为 13.3 d,2001—2010 年低温日数为 10.3 d,比常年减少 3 d;吉林日平均气温低于 18 ℃的低温日数常年为 11.3 d,2001—2010 年为 9.2 d,比常年减少 2.1 d;辽宁日平均气温低于 18 ℃的低温日数常年为 5 d,2001—2010 年为 4.1 d,比常年减少 0.9 d。总体上,1961—2010 年 6 月份日平均气温低于 18 ℃的低温日数变化趋势为黑龙江省减少 3.9 d,吉林减少 4.4 d,辽宁减少 3.4 d(图 5.36)。

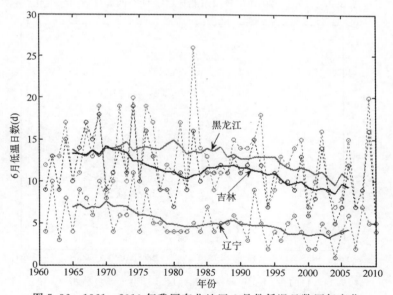

图 5.36　1961—2010 年我国东北地区 6 月份低温日数历年变化

7 月份,东北地区低温日数变化趋势不明显。黑龙江常年日平均气温低于 17 ℃的低温日数为 4.3 d,2001—2010 年低温日数为 4.1 d,比常年减少 0.2 d;吉林日平均气温低于 17 ℃的低温日数常年为 7.1 d,2001—2010 年为 6.1 d,比常年减少 1.0 d;辽宁日平均气温低于 17 ℃的低温日数常年为 0.1 d,2001—2010 年为 0.1 d。总体上,1961—2010 年东北三省低温日数变化趋势不明显(图 5.37)。

　　8月份,东北地区低温日数呈明显减少趋势。1971—1980年黑龙江日平均气温低于19℃的低温日数为15.2 d,2001—2010年低温日数为11.4 d,减少3.8 d;1971—1980年吉林日平均气温低于19℃的低温日数为10.6 d,2001—2010年为7.9 d,减少2.7 d;1971—1980年辽宁日平均气温低于19℃的低温日数为3.5 d,2001—2010年为2.4 d,减少1.1 d。总体上,8月份,黑龙江低温日数较多,吉林次之,吉林和黑龙江低温日数减少幅度都较大(图5.38)。

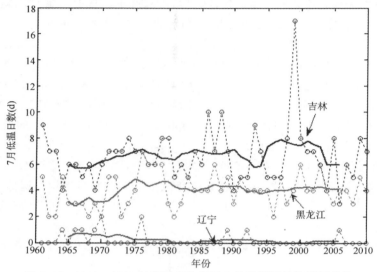

图5.37　1961—2010年我国东北地区7月份低温日数历年变化

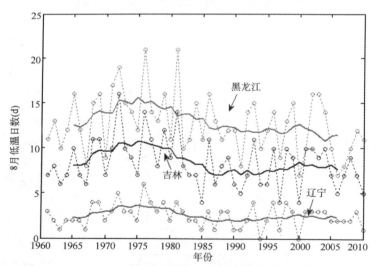

图5.38　1961—2010年我国东北地区8月份低温日数历年变化

　　总之,随着气候变暖,东北地区夏季低温日数呈减少趋势,特别是20世纪90年代以来,低温日数减少趋势非常明显,其中6和8月份减少幅度较大。2010年夏季,东北地区低温范围小,持续时间短,对农业影响不大。随着气候变暖,低温日数持续减少对农业生产有利。

历史上东北地区典型低温冷害事例:

1972 年低温冷害

1972 年东北地区作物生长前期积温不足,后期低温明显,初霜早且重。水稻发生严重的延迟型和障碍型冷害,黑龙江水稻空壳率达到 25%～32%。同时发生了严重的旱灾,粮食严重减产。黑龙江省粮食较 1971 年减产 25%,吉林省粮食较 1970 年减产 25%,辽宁省粮食减产 15.5%。

1976 年低温冷害

1976 年 5—6 月东北地区温度偏低或接近常年,7 月温度正常或偏高,8 月温度特低或偏低,9 月温度正常。整个生长季气温偏低,作物生育期普遍延迟,霜前不能正常成熟,发生了严重的延迟型和障碍型冷害,造成了严重减产。9 月上、中旬黑龙江省大部地区霜冻灾害严重,霜冻面积约 80 万 hm²,由于低温冷害、霜冻加上旱灾,粮食较 1975 年减产 20%,吉林省粮食较 1975 年减产 17%。

2009 年 6 月低温冷害

2009 年 6 月,东北大部地区持续低温阴雨天气,气温较常年同期偏低 1～3 ℃,6 月份黑龙江大部、吉林东部日平均气温低于 15 ℃的日数为 5～24 d,低于 17 ℃的日数为 11～29 d。持续低温导致东北地区中北部作物生长缓慢、植株矮小,发育期延后,抗病虫害能力低下。其中,黑龙江和吉林水稻受到的影响最大,低温使其返青期延长,分蘖迟缓,黑龙江东南部和吉林省东部 6 月中旬出现 3～9 d 低于 15 ℃的低温天气,水稻分蘖受阻,一度停止分蘖,水稻分蘖数比常年偏少 20%～30%左右。

5.2.2　东北地区干旱变化特征

干旱是东北地区主要的农业气象灾害之一,对农业生产造成很大影响。无雨日数在一定程度上反映了干旱的程度。资料分析表明,黑龙江近 10 a(2001—2010 年)5 月份的无雨日数比 20 世纪 60 年代偏多 2.6 d,8 月份无雨日数比 20 世纪 60 年代偏多 3.3 d,9 月份偏多 4.1 d;吉林 7—9 月无雨日数也在增多,特别是近 10 a 来 7—9 月无雨日数分别增多了 3.3,4.9 和 4.5 d(表 5.1)。

表 5.1　1961—2010 年东北三省各年代 5—9 月无雨日数　　　　　　单位:d

省份	月份	1961—1970 年	1971—1980 年	1981—1990 年	1991—2000 年	2001—2010 年
黑龙江	5	14.4	14.9	14.7	15.3	17.0
	6	12.6	11.1	11.9	12.3	14.7
	7	11.1	12.2	12.0	13.5	13.1
	8	12.7	15.2	12.7	14.5	16.0
	9	15.0	15.8	15.0	16.3	19.1
吉林	5	15.8	15.5	14.4	15.4	16.3
	6	12.4	9.6	11.6	12.3	13.7
	7	9.2	11.2	10.0	13.1	12.5
	8	11.9	14.6	13.5	14.9	16.8
	9	16.2	16.3	16.4	17.7	20.7
辽宁	5	19.5	18.6	17.7	19.2	19.1
	6	14.7	12.5	14.9	16.0	15.2
	7	11.7	12.6	13.7	13.9	15.1
	8	14.4	17.0	16.0	17.7	19.3
	9	20.0	19.2	19.3	20.9	21.9

　　利用国家气候中心干旱指数 CI 计算东北地区 5—9 月历年干旱日数,结果显示,东北地区 5—7 月平均干旱日数呈减少趋势(图 5.39),但 8 和 9 月份干旱日数自 20 世纪 80 年代以来呈增多趋势(图 5.40)。1961—1970 年 8 月份东北地区干旱日数平均为 8.7 d,2001—2010 年为 12.6 d,增加了 3.9 d;1961—1970 年 9 月份东北地区干旱日数平均为 9.1 d,2001—2010 年为 13.1 d,增加了 4 d,说明东北地区夏秋旱的风险在增大。

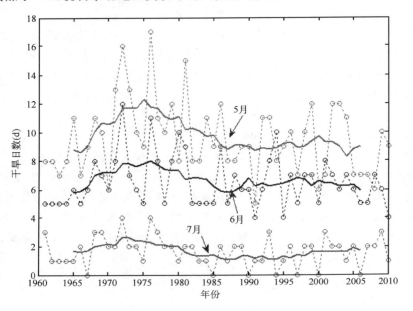

图 5.39　1961—2010 年我国东北地区 5,6,7 月干旱日数历年变化

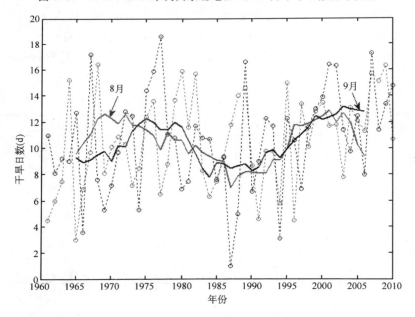

图 5.40　1961—2010 年我国东北地区 8,9 月干旱日数历年变化

历史上东北地区典型干旱事例：

1989 年春、夏、秋季干旱

1989 年春季 3—5 月东北大部地区发生干旱，东北西部降水量较常年同期偏少 7～8 成，中部地区偏少 5～7 成。农田土壤墒情下降，井水干涸，河水断流，5 月中旬雨后抢墒播种，生育期延迟 20 天左右，苗情较差。

7 月下旬到 9 月中旬东北地区大部发生伏旱和秋吊。西部地区降水量偏少 80%～90%，其余地区降水量偏少 50%～70%，由于处在作物生殖生长和产量形成的关键期，造成植株萎蔫、枯死、生长缓慢、植株矮小，且因旱造成花期不遇，或者有雄无蕊，严重影响授粉结实，大豆、花生叶片黄化，难以正常开花结荚，有的有荚无粒，落花、掉荚严重。其中，辽宁省受旱约 250 万 hm²，占全省粮食总播种面积的 67%；吉林受旱约 292 万 hm²，占全省粮食总播种面积的 71%，严重干旱面积达 188 万 hm²，其中仅粮食主产区的白城和长春受旱就达 240 万 hm²；黑龙江受旱约 330 万 hm²，占全省粮豆作物总面积的 46.7%，其中造成严重减产的约 118 万 hm²。严重干旱对东北的粮食生产造成严重威胁，仅辽宁、吉林两省绝收面积就达约 54 万 hm²，三省粮食减产达 500 多万 t。

2000 年夏季东北地区特大干旱

2000 年 6—8 月，东北地区受大气环流和亚洲季风活动异常影响，出现了罕见的持续高温少雨天气，旱情主要发生在春夏季，受旱范围广，持续时间长，旱情严重。5 月下旬至 8 月上旬大部分地区降水量较常年同期偏少 40%～70%。高温从 5 月 20 日一直持续到 8 月 14 日，辽宁 30 ℃以上的高温天气出现 40～66 d，33 ℃以上的高温天气出现 9～44 d，东北中、西部产粮区降水量不足常年的一半，气温较常年高 3～4 ℃，多数地县发生严重干旱，旱田干旱面积占整个农区面积的 80% 以上，部分水田严重缺水。据有关部门统计，全东北地区受旱面积 1 159 万 hm²，绝收面积 363 万 hm²。干旱使东北产粮区多数地区粮食减产 30% 以上，其中中西部地区减产达 40% 以上。

2009 年辽宁西部发生 1951 年以来最严重夏旱

2009 年 6—8 月，辽西北地区发生干旱，旱情持续 16～47 d，其中朝阳县、建平县北部、北票市大部、义县大部、凌海市西北部地区发生 60 年来最严重伏旱。辽西大部、辽北及中部部分地区降水量较常年同期偏少 50%～90%，6 月 21 日—8 月 16 日全省平均降水量偏少 50%，为自 1951 年有完整气象记录以来的最少值，期间伴随高温天气，发生了自 1951 年以来最严重的夏旱。

由于此时正值玉米拔节—抽穗开花—灌浆期，受降水不足影响，旱情严重地区作物生长停滞，植株矮小，大面积枯黄死亡；旱情稍轻的地区也出现打绺、果穗小、粒小、粒少的现象，造成减产。受旱面积约为 110 万 hm²，其中重旱面积约为 21 万 hm²，占农田播种面积的 27%。朝阳县旱情最重，作物大面积枯黄死亡，绝收面积占播种面积的三分之一；锦州的义县次之，绝收面积占播种面积的五分之一；锦州的凌海市西部与朝阳县受旱程度相当；朝阳的北票市重度干旱面积占播种面积的三分之一。

5.3　小结

东北地区是我国主要的商品粮生产基地之一，与其他地区相比，东北地区热量资源不足，农业气象灾害(特别是低温冷害、干旱、霜冻)频发、多发,严重威胁着东北地区的粮食生产。受全球气候变暖的影响,20世纪90年代以来东北地区气温明显升高,热量资源明显改善,农业气象灾害时空分布变化显著,对该地区农业生产产生深远影响。

最新研究表明,1961—2010年,我国年平均气温升高了1.5℃,其中北方升温幅度高于南方;我国年平均降水量总体没有明显的变化趋势,其中东部的大部分地区降水呈减少趋势,西部的大部分地区降水呈增加趋势。气候变暖使我国东北地区活动积温(≥10℃)增加,2001—2010年平均活动积温达3 131.4℃·d,比20世纪60年代增加了226.0℃·d;同时,作物生长季也明显延长,2001—2010年东北地区生长季长度达到165 d,比20世纪60年代增加了8.7 d。此外,东北地区6和8月份低温日数减少幅度明显,一般低温日数减少3~4 d,7月份低温日数变化不大。由此可见,受全球变暖的影响,我国东北地区热量条件明显改善。但东北地区2001—2010年平均年降水量为581.5 mm,比20世纪60年代减少31.0 mm,特别是吉林西部、黑龙江西南部近10 a来年降水量少于400 mm,致使干旱频繁发生,对农业生产非常不利。

气候变暖使我国东北地区热量资源明显改善,降水减少,建议农业生产部门及时调整作物布局和产业结构,以尽快适应农业气候资源变化,提高资源的利用效率。吉林西部、黑龙江西南部因近10 a来年降水量明显减少,且预计未来10 a年降水量少于400 mm的区域将进一步扩大,不利于农业生产,建议大力发展节水农业,提高水分生产率。

参 考 文 献

陈克明. 1994. IAP 全球海气耦合环流模式的改进及温室气体引起气候变化的数值模拟研究［博士论文］.
    北京:中国科学院大气物理研究所.

陈起英,俞永强,郭裕福,等. 1996. 温室效应引起的东亚区域气候变化. 气候与环境研究,**1**(2):113-123.

戴晓苏. 1997. 气候变化对我国小麦地里分布的潜在影响. 应用气象学报,**8**(1):19-25.

丁一汇,等. 1995. 痕量气体对我国农业和生态系统影响研究. 北京:中国科学技术出版社.

丁一汇,任国玉. 2005. 气候变化国家评估报告. 北京:科学出版社.

冯锦民. 2005. 不同区域气候模式对亚洲地区十年积分的比较研究［博士论文］.北京:中国科学院大气物理
    研究所.

冯利平,韩学信. 1999. 棉花栽培计算机模拟决策系统(COTSYS). 棉花学报,**11**(5):251-254.

冯利平,孙宁,刘荣花,等. 2003. 我国华北冬小麦生产影响评估模型的研究. 中国生态农业学报,**11**(4):
    73-76.

高亮之,金之庆,黄耀,等. 1989. 水稻计算机模拟模型及其应用之一:水稻钟模型——水稻发育动态的计算
    机模型. 中国农业气象,**10**(3):3-10.

高庆先,徐影,任阵海. 2002. 中国干旱地区未来大气降水变化趋势分析. 中国工程科学,**4**(6):36-43.

葛道阔,金之庆,石春林,等. 2002. 气候变化对中国南方水稻生产的阶段影响及适应性对策. 江苏农业学报,
    18(1):1-8.

葛全胜,郑景云,张学霞,等. 2003. 过去 40 年中国气候与物候的变化研究. 自然科学进展,**13**(10):1 048-
    1 053.

龚道溢,王绍武. 1998. 中国近一个世纪以来最暖的一年. 气象,**25**(8):3-5.

国家统计局. 2003. 中国统计年鉴 2002. 北京:中国统计出版社.

郝志新,郑景云,葛全胜. 2003. 1736 年以来西安气候变化与农业收成的相关分析. 地理学报,**58**(5):
    735-742.

黄策,王天铎. 1986. 水稻群体物质生产过程的计算机模拟. 作物学报,**12**(1):1-8.

姜大膀,王会军,郎咸梅. 2004. SRES A2 情境下中国气候未来变化的多模式集合预测结果. 地球物理学报,
    47(5):776-784.

金善宝. 1996. 中国小麦学. 北京:中国农业出版社.

金之庆,方娟,葛道阔,等. 1994. 全球气候变化影响我国冬小麦生产之前瞻. 作物学报,**20**(2):186-197.

金之庆,葛道阔,陈华. 1996. 评价全球气候变化对我国玉米生产的可能影响. 作物学报,**22**(5):1-12.

林而达,张厚瑄,王京华. 1997. 全球气候变化对中国农业的影响. 北京:农业科技出版社.

林忠辉,莫兴国,项月琴. 2003. 作物生长模型研究综述. 作物学报,**29**(5):750-758.

刘建栋,于强,傅抱璞. 1999. 黄淮海地区冬小麦光温生产潜力数值模拟研究. 自然资源学报,**14**:169-174.

罗群英,林而达. 1999. 区域气候变化背景下气候变率对我国水稻产量的模拟研究. 生态学报,**19**(4):
    557-559.

马柱国,符淙斌. 2001. 中国北方干旱区地表湿润状况的趋势分析.气象学报,**59**(6):737-746.

马柱国,华丽娟,任小波. 2003.中国近代北方极端干湿事件的演变规律.地理学报,**58**(增):69-74.

内岛善兵卫. 1987. 二氧化碳浓度上升与气候变化及粮食生产. 国外农学·农业气象,(1):12.

潘学标,韩湘玲,石元春. 1996. COTGROW:棉花生长发育模拟模型. 棉花学报,**8**(4):180-188.

戚昌瀚,殷新佑,谢华藟. 1991. 水稻产量形成的生长日历模拟模型的初步研究. 江西农业大学学报(作物模拟模型专刊),**13**(2):39-43.

秦大河,丁一汇,毛耀顺. 2003. 温室气体与温室效应. 北京:气象出版社.

尚宗波,杨继武,殷红. 2000. 玉米生长生理生态学模拟模型. 植物学报,**42**(2):184-194.

石广玉,王喜红,张立盛,等. 2002. 人类活动对气候影响的研究:Ⅱ. 对东亚和中国气候变化的影响. 气候与环境研究,**7**(2):255-266.

石英. 2007. 中国地区气候变化的高分辨率数值模拟. 博士论文,67-68.

屠其璞. 1987. 近百年中国降水变化. 南京气象学院院刊,**10**(2):177-189.

王会军,曾庆存,张学洪. 1992. CO_2 含量加倍引起的气候变化的数值模拟研究. 中国科学(B辑),(6):663-672.

王明星,杨昕. 2002. 人类活动对气候影响的研究:Ⅰ. 温室气体和气溶胶. 气候与环境研究,**7**(2):247-254.

王绍武,赵宗慈. 1995. 未来 50 年中国气候变化趋势的初步研究. 应用气象学报,**6**(3):333-342.

王绍武. 2001. 现代气候学研究进展. 北京:气象出版社.

王淑瑜. 冬夜区域气候模拟和土壤湿度初始化问题研究[博士论文]. 北京:中国科学院大气物理研究所.

王志伟,翟盘茂. 2003. 中国北方近 50 年干旱变化特征. 地理学报,**58**(增):61-68.

王遵娅,丁一汇,何金海,等. 2004. 近 50 年来中国气候变化特征的再分析. 气象学报,**62**(2):228-236.

魏凤英,曹鸿兴. 2003. 20 世纪我国气候增暖进程的统计事实. 应用气象学报,**14**(1):79-86.

邬定荣,欧阳竹,赵小敏,等. 2003. 作物生长模型 WOFOST 在华北平原的适用性研究. 植物生态学报,**27**(5):594-602.

熊伟,陶福禄,许吟隆,等. 2001. 气候变化情境下我国水稻产量变化模拟. 中国农业气象,**22**(3):1-5.

熊喆. 2004. 区域气候模式 RIEMS 对东亚气候的模拟. 气候与环境研究,**9**(2):251-260.

徐影,丁一汇,赵宗慈,等. 2003. 我国西北地区 21 世纪季节气候变化情景分析. 气候与环境研究,**8**(1):19-25.

许吟隆,薛峰,林一骅. 2003. 不同温室气体排放情景下中国 21 世纪地面气温和降水变化的模拟分析. 气候与环境研究,**8**(2):209-217.

于强,任保华,王天铎,等. 1998. C_3 植物光合作用日变化的模拟. 大气科学,**22**(6):867-879.

翟盘茂,任福民,张强. 1999. 中国降水极值变化趋势检测. 气象学报,**57**(2):208-216.

翟盘茂,任福民. 1997. 中国近 40 年来最高最低温度变化. 气象学报,**55**:418-429.

张家诚. 1998. 气候与人类. 郑州:河南科技出版社.

张宇,王馥棠. 1998. 气候变暖对中国水稻生产可能影响的研究. 气象学报,**56**(3):369-376.

赵宗慈,丁一汇,徐影,等. 2003. 人类活动对 20 世纪中国西北地区气候变化影响检测和 21 世纪预测. 气候与环境研究,**8**(1):26-34.

郑景云,葛全胜,都志新. 2002. 气候增暖对我国近 40 年植物物候变化的影响. 科学通报,**47**(20):1 582-1 587.

郑景云,黄金火. 1998. 我国近 40 年的粮食灾损评估. 地理学报,**53**(6):501-511.

中国气象局. 2009. 中华人民共和国气象行业标准 QX/T 101—2009——水稻、玉米冷害等级. 北京:气象出版社.

中国土壤普查办公室. 1995. 中国土种志. 北京:中国农业出版社.

Akita S, Moss D N. 1973. Photosynthetic response to CO_2 and light by maize and wheat leaves adjusted for constant stomatal apertures. *Crop Science*,**13**:234-237.

Alexandrov V A, Hoogenboom G. 2000. The impact of climate variability and change on crop yield in Bulgaria. *Agricultural and Forest Meteorology*,**104**:315-327.

Barford C C, Wofsy S C, Goulden M L, *et al*. 2001. Factors controlling long-and short-term sequestration of atmospheric CO_2 in a mid-latitude forest. *Science*, **294**:1 688-1 691.

Bauer A, Fanning C, Enz J W, *et al*. 1984. Use of Growing Degree-days to Determine Spring Wheat Growth Stages. North Dakota State Univ. Agric. Ext. Bull. EB-37.

Curry R B, Peart R M, Jones J W, *et al*. 1990. Simulation as a tool for analyzing crop response to climate change. *Transactions of the ASAE*,**33**(3):981-990.

de Wit C T. 1965. Photosynthesis of Leaf Canopies. Inst. Biol. Chem. Res. Field Crops Herb. Agricultural Research Report. Wageningen,Netherlands. 663.

Dhiman S D,Sarma H C,Singh D P. 1985. Grain growth of wheat as influenced by time of sowing and nitrogen fertilization. *Haryana Agriculture University Journal Research*,**15**:158-163.

Duncan W G, Loomis R S, Williams W A, *et al*. 1967. A model for simulating photosynthesis in plant communities. *Hilgardia*,**38**:181-205.

Emanuel K A. 1991. A scheme for representing cumulus convection in large-scale models. *Quart J Roy Meteor Soc*, **48**:2 313-2 335.

Gao X, Zhao Z, Ding Y, *et al*. 2001. Climate change due to greenhouse effects in China as simulated by a regional climate model. *Adv Atmos Sci*,**18**(6):1 224-1 230.

Giorgi F, Marinucci M R, Visconti G. 1992. A2×CO_2 climate change scenario over Europe generated using a limited area model nested in a general circulation model. Ⅱ:Climate change scenario. *J Geophys Res*,**1**: 0 011-0 028.

Guo Y F, Yu Y Q, Liu X Y, *et al* . 2001. Simulation of climate change induced by CO_2 increasing for East Asia with IAP/ LASG GOALS model. *Adv Atmos Sci*,**18**:53-66.

Hasenauer H, Nemani R R, Schadauer K, *et al*. 1999. Forest growth response to changing climate between 1961 and 1990 in Austria. *Forest Ecology and Management*,**122**:209-219.

Hulme M, Barrow E M, Arnell N W, *et al*. 1999. Relative impacts of human-induced climate change and natural climate variability. *Nature*,**397**:688-691.

Hulme M, Wigley T, Jiang Tao, *et al*. 1992. Climate Change due to the Greenhouse Effects and its Impacts and its Implications for China. A Banson Production(UK),53.

Hulme M, Zhao Zongci, Jiang Tao. 1994. Recent and future climate change in East Asia. *International J Climatology*(UK),**14**:637-658.

IPCC. 1998. The Regional Impacts of Climate Change. An Assessment of Vulnerability. Intergovernmental Panel on Climate Change. Cambridge University Press.

IPCC. 2001. Working Group Ⅰ of Intergovernmental Panel on Climate Change,Climate Change:Summary for Policymakers and Technical Summary of the Working Group Ⅰ Report,2001. 26.

IPCC. 2007. Summary for Policymakers,Climate Change 2007:The Physical Science Basis. Contribution of Working Group Ⅰ to the Fourth Assessment Report of the Intergovernmental Panel on Climate Change. Cambridge:Cambridge University Press.

Jones P D, Lister D H. 2002. The daily temperature record for St. Petersburg. *Climatic Change*, **53**: 253-267.

Keeling C D, Whorf T P. 2005. Atmospheric CO_2 records from sites in the SIO air sampling network [M]// trend:A Compendium of Data on Global Change. Oak Ridge,Tenn,USA:Carbon Dioxide Inrmation Analysis Center,Oak Ridge National Laboratory,Department of Energy.

Keeling C D, Chin J F S, Whorf T P. 1996. Increased activity of northern vegetation inferred from atmospheric CO_2 measurements. *Nature*, **382**:146-149.

Kozov M V, Berlina N G. 2002. Decline in length of the summer season on the Kola Peninsula, Russia. *Climatic Change*, **54**:387-398.

Lal M, Singh K K, Srinivasan G, *et al*. 1999. Growth and yield responses of soybean in Madhya Pradesh. *India to Climate Variability and change*, **93**:53-70.

Lemon, E R(ed). 1983. CO_2 and Plants. The Response of Plants to Rising Leves of Atmosptheric Carbon Dioxide. Westview Press. Boulder.

Lin S, Rood R. 1996. Multi-dimensional flux-form semi-lagrangian transport schemes. *Mon Wea Rev*, **124**: 2 046-2 070.

Lin S, Atlas R, Yeh K. 2004. Global weather prediction and high-end computing at NASA. *Comput Sci Eng*, **6**:29-35.

Mavromatis T, Jones P D. 1999. Evaluation of HADCM2 and direct use of daily GCM data in impact assessment studies. *Climatic Change*, **41**:583-614.

Menzel A, Fabian P. 1999. Growing season extended in Europe. *Nature*, **397**:659.

Menzel A, Estrella N, Fabian P. 2001. Spatial and temporal variability of the phonological seasons in Germany from 1951 to 1996. *Global Change Biology*, **7**:657-666.

Menzel A. 2003. Phenological anomalies in Germany and their relation to air temperature and NAO. *Climatic Change*, **57**:243-263.

Moberg A, Bergstrom H, Ruiz Krigsman J, *et al*. 2002. Daily air temperature and pressure series for Stockholm(1756—1998). *Climatic Change*, **53**:171-212.

Morison J I L. 1989. Plant Growth in Increased Atmospheric CO_2 in Fantechi. In Fantechi R and Ghazi A (eds). Carbon Dioxide and other Greenhouse Gases, Climate and Associated Impacts, Dordrech, The Netherlands:CEC, Reidel, 228-244.

Myneni R C, Keeling C D, Tucker C J, *et al*. 1997. Increased plant growth in the northern high latitudes from 1981 to 1991. *Nature*, **386**:698-702.

Pal J S, Small E E, Eltahir E. 2000. Simulation of regional-scale water and energy budgets:Representation of subgrid cloud and precipitation processes within RegCM. *J Geophy Res*, **105**(D24):29 579-29 594.

Parmesan C, Yohe G. 2003. A globally coherent fingerprint of climate impacts across natural systems. *Nature*, **421**:37-42.

Penuelas J, Filella I. 2001. Responses to a warming world. *Science*, **294**:793-794.

Penuelas J, Filella I, Comas P. 2002. Changed plant and animal life cycles from 1952 to 2000 in the Mediterranean region. *Global Change Biology*, **8**:531-544.

Qian W H, Zhu Y F. 2001. Climate change in China from 1880 to 1998 and its impact on the environmental condition. *Climatic Change*, **50**:419-444.

Qian Y, Kaiser D P, Leung L R, *et al*. 2006. More frequent cloud-free sky and less surface solar radiation in China from 1955 to 2000. *Geophysical Research Letters*, **33**(1):L01812, doi:10.1029/2005GL024586.

Root T L, Price J T, Hall K R, *et al*. 2003. Fingerprints of global warming on wild animals and plants. *Nature*, **421**:57-60.

Rosenzweig C, Hillel D. 1992. Climate Change and the Global Harvest:Potential Impacts on the Greenhouse Effect on Agriculture, Oxford University Press, New York.

Rötter R. 1993. Simulation of the Biophysical Limitations to Maize Production under Rainfed Conditions in Kenya. Evaluation and Application of the Model WOFOST. Materialien zur Ostafrika-Forschung, Heft 12. Geographischen Gesellschaft Trier.

Sainia A D, Nanda R. 1987. Analysis of temperature and photoperiod response to flowering in wheat. *India*

Journal of Agriculture Science,**57**:351-359.

Supit I, Hooijer A A, van Diepen C A. 1994. System Description of the WOFOST 6. 0 Crop Growth Simulation Model. Joint Research Center,Commission of the European Communities. Brussels,Luxembourg.

Riha S J, Wilks D S, Simoens P. 1996. Impact of temperature and precipitation variability on crop model predictions. *Climatic Change*, **32**:293-311.

Tao F M,Yokozawa, Zhang Z, *et al*. 2004. Variability in climatology and agricultural production in China in association with the East Asian summer monsoon and El Nino Southern Oscillation. *Clim Res*,**28**:23-30.

van Ittersum, Leffelaar M K, van keulen P A, *et al*. 2003. On approaches and applications of the Wageningen crop models. *European Journal Agronomy*,**18**:201-234.

Wang Z, Zhai Panmao,Zhang Hongtao. 2003. Variation of drought over northern China during 1950—2000. *Journal of Geographical Sciences*,**13**(4):480-487.

Zeng X, Zhao M, Dickinson R E. 1998. Intercomparison of bulk aerodynamic algorithms for the computation of sea surface fluxes using toga coare and tao data. *J Climate*,**11**:2 628-2 644.

Zhao Zongci, Akimasa Sumi, Chikako Harada, *et al*. 2003. Projections of Extreme Temperature over East Asia for the 21st century as simulated by the CCSR/NIES2 Couple Model. eds by WMO and CMA,Proceeding of International Symposium on Climate Change,Beijing, China Meteorological Press, 158-164.

Zhai Panmao, Pan X. 2003. Trends in temperature extreme during 1951—1999 in China. *Geophysical Research Letter*,**30**(17):1 913.

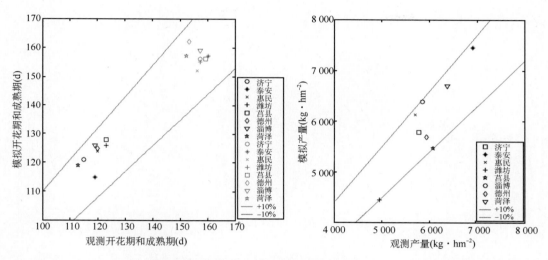

彩图 3.2 WOFOST 作物模型模拟的山东省 8 个农业气象站点冬小麦开花期、成熟期和产量与
观测值对比(图例中,黑色表示开花期,红色表示成熟期)

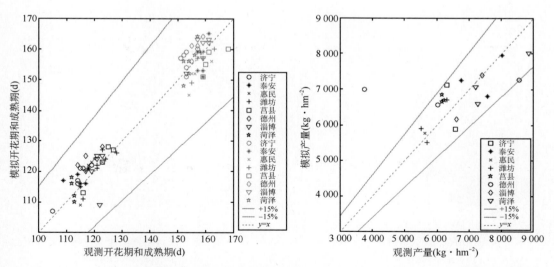

彩图 3.3 WOFOST 作物模型验证过程中模拟的山东省 8 个农业气象站点冬小麦开花期、成熟期
和产量与观测值对比(图例中,黑色表示开花期,红色表示成熟期)

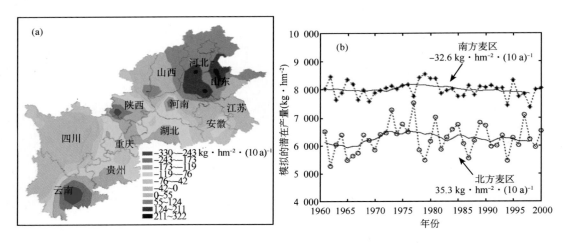

彩图 3.13 1961—2000 年模拟的冬小麦潜在产量变化趋势(a)空间分布和(b)冬小麦潜在产量随时间分布图

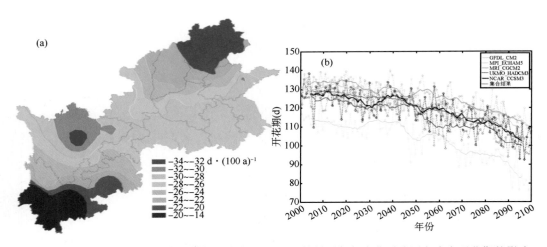

彩图 3.28 WOFOST 作物模型模拟的未来 100 a A2 情景下气候变化对我国冬小麦开花期的影响
(a)集合结果的区域分布;(b)5 个气候模式模拟的时间变化趋势和集合结果的时间变化趋势

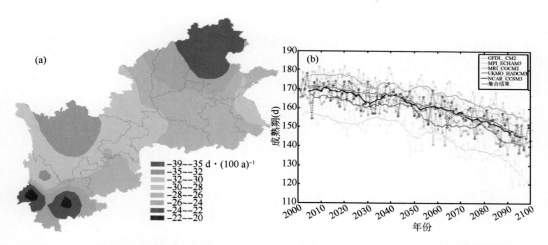

彩图 3.29 WOFOST 作物模型模拟的未来 100 a A2 情景下气候变化对我国冬小麦成熟期的影响

(a)集合模拟的区域分布;(b)5 个气候模式模拟的时间变化趋势和集合结果的时间变化趋势

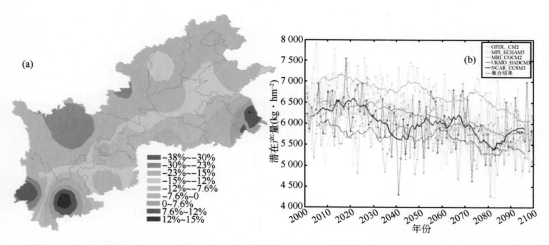

彩图 3.30 WOFOST 作物模型模拟的未来 100 a A2 情景下气候变化对我国冬小麦潜在产量的影响

(a)集合结果的区域分布;(b)5 个气候模式模拟的时间变化趋势和集合结果的时间变化趋势

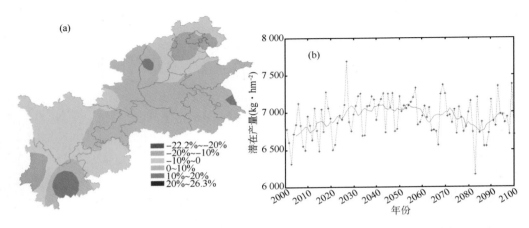

彩图 3.31　WOFOST 作物模型模拟的未来 100 a 气候变化对冬小麦潜在产量的影响
(含 CO_2 肥效作用)(a)区域分布；(b)时间分布

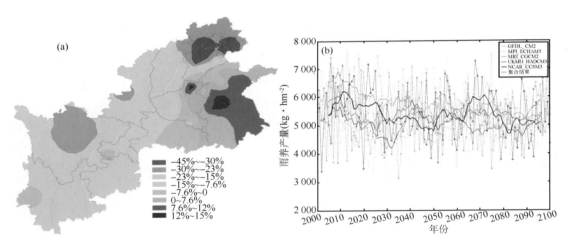

彩图 3.32　WOFOST 作物模型模拟的未来 100 a A2 情景下气候变化对我国冬小麦雨养产量的影响
(a)集合结果的区域分布；(b)5 个气候模式模拟的时间变化趋势和集合结果的时间变化趋势

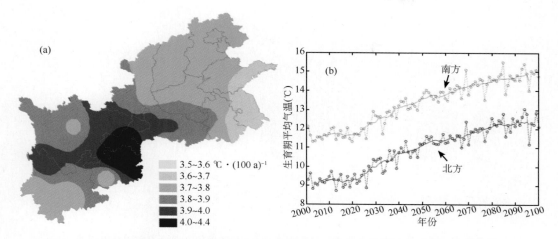

彩图 3.39　5 个气候模式集合模拟的我国冬麦区(a)生育期平均气温变率区域分布图和
(b)生育期平均气温随时间变化图

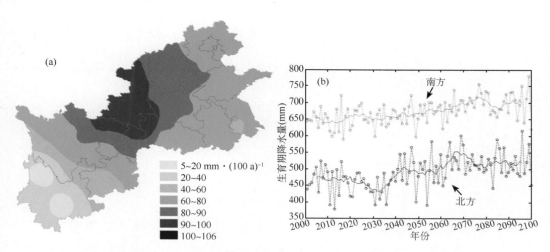

彩图 3.40　5 个气候模式集合模拟的我国冬麦区(a)生育期降水量变率区域分布图和
(b)生育期降水量随时间变化图

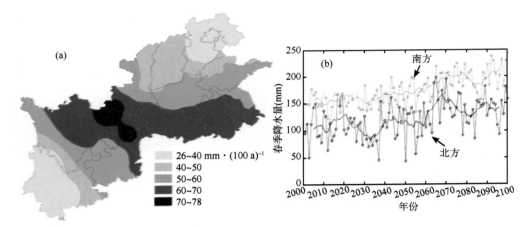

彩图 3.41　5 个气候模式集合模拟的我国冬麦区(a)春季降水量变率区域分布图和
(b)春季降水量随时间变化图

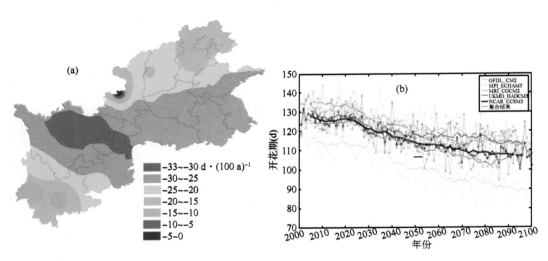

彩图 3.42　WOFOST 作物模型模拟的未来 100 a A1B 情景下气候变化对我国冬麦区冬小麦开花期的影响
(a)集合结果的区域分布;(b)5 个气候模式模拟的时间变化趋势和集合结果的时间变化趋势

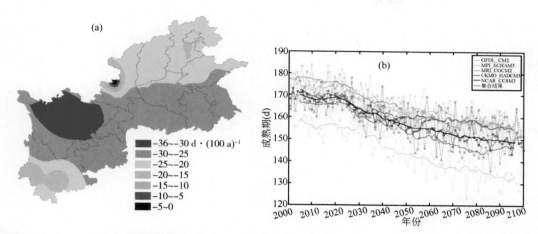

彩图 3.43　WOFOST 作物模型模拟的未来 100 a A1B 情景下气候变化对我国冬麦区冬小麦成熟期的影响
　(a)集合结果的区域分布;(b)5 个气候模式模拟的时间变化趋势和集合结果的时间变化趋势

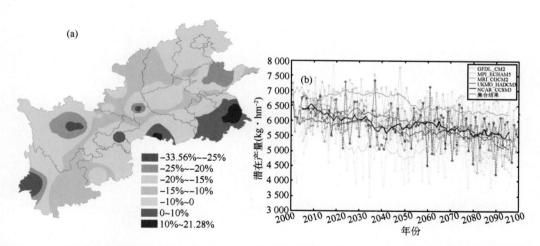

彩图 3.44　WOFOST 作物模型模拟的未来 100 a A1B 情景下气候变化对我国冬麦区冬小麦潜在产量的影响
　(a)集合结果的区域分布;(b)5 个气候模式模拟的时间变化趋势和集合结果的时间变化趋势(不考虑 CO$_2$ 的肥效作用)

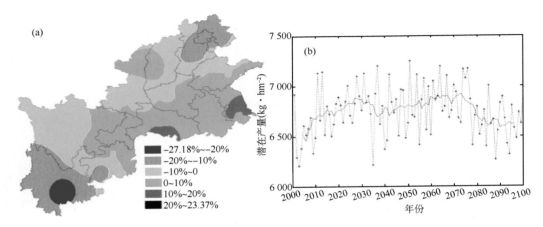

彩图 3.45　WOFOST 作物模型模拟的未来 100 a A1B 情景下气候变化对我国冬麦区冬小麦潜在产量的影响
（a）集合结果的区域分布；（b）5 个气候模式模拟的时间变化趋势和集合结果的时间变化趋势（考虑 CO_2 的肥效作用）

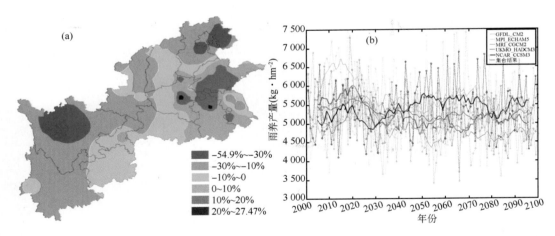

彩图 3.46　WOFOST 作物模型模拟的未来 100 aA1B 情景下气候变化对我国冬麦区冬小麦雨养产量的影响
（a）集合结果的区域分布；（b）5 个气候模式模拟的时间变化趋势和集合结果的时间变化趋势

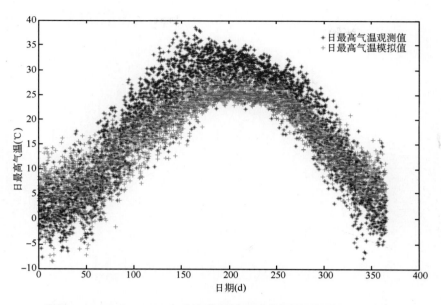

彩图 3.48　1981—1990 年山东德州站日最高气温观测值与 RegCM3
模拟的日最高气温比较

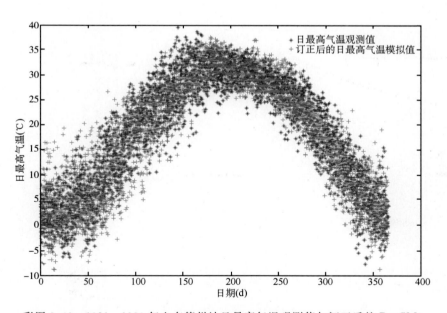

彩图 3.49　1981—1990 年山东德州站日最高气温观测值与订正后的 RegCM3
模拟的日最高气温比较

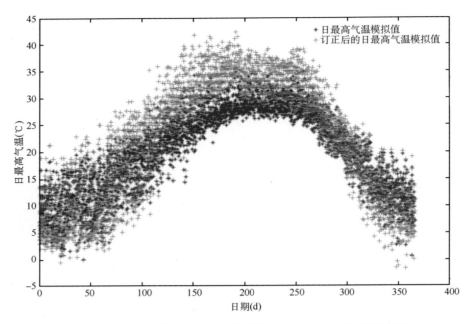

彩图 3.50　山东德州站 RegCM3 模拟的 2091—2100 年日最高气温和
经过订正后的日最高气温

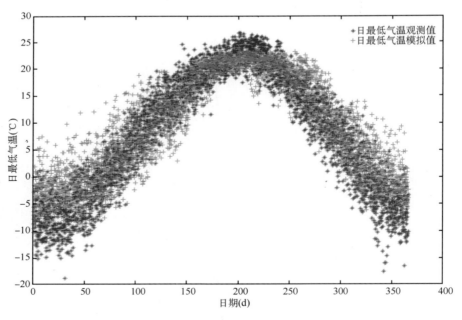

彩图 3.51　1981—1990 年山东德州站日最低气温观测值与 RegCM3
模拟的日最低气温比较

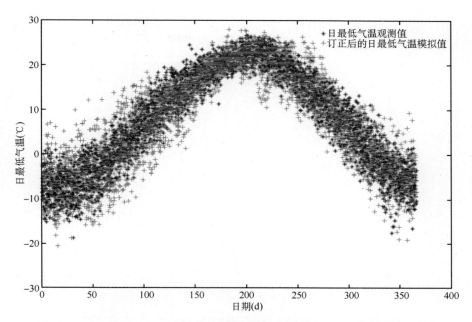

彩图 3.52 1981—1990 年山东德州站日最低气温观测值与订正后的 RegCM3
模拟的日最低气温比较

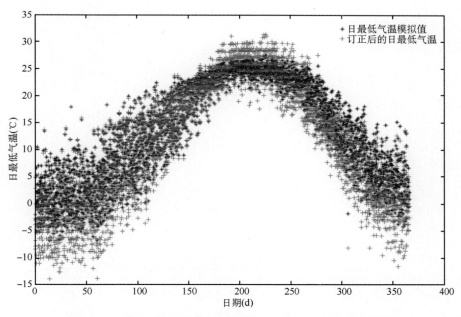

彩图 3.53 山东德州站 RegCM3 模拟的 2091—2100 年日最低气温
和订正后的日最低气温比较

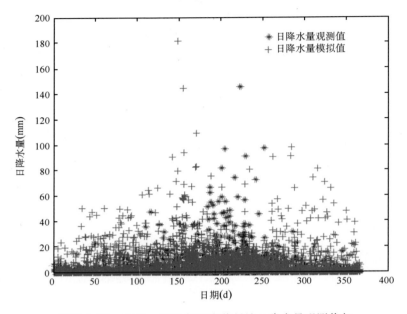

彩图 3.54　1981—1990 年山东德州站日降水量观测值与
RegCM3 模拟值的比较

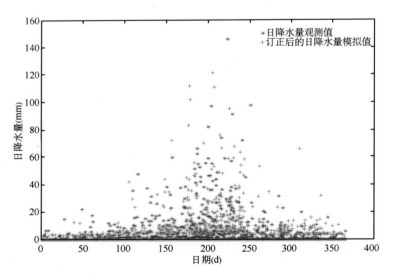

彩图 3.55　1981—1990 年山东德州站日降水量观测值与订正后的
RegCM3 模拟值的比较

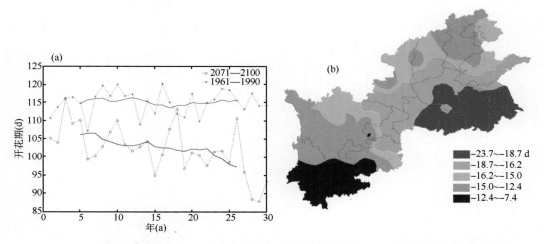

彩图 3.61　模拟的 2071—2100 和 1961—1990 年气候变化对冬小麦开花期的影响对比分析
(a)时间分布；(b)2071—2100 和 1961—1990 年开花期差值空间分布

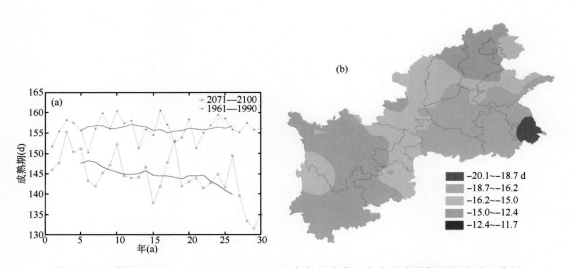

彩图 3.62　模拟的 2071—2100 和 1961—1990 年气候变化对冬小麦成熟期的影响对比分析
(a)时间分布；(b)2071—2100 和 1961—1990 年成熟期差值空间分布

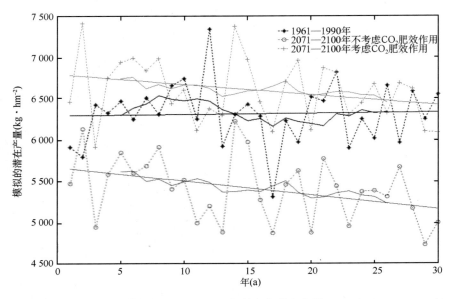

彩图 3.63 WOFOST 模拟的 1961—1990 年冬小麦潜在产量(黑线)与 2071—2100 年
冬小麦潜在产量(红线考虑了 CO_2 肥效作用,蓝线没有考虑 CO_2 肥效作用)对比

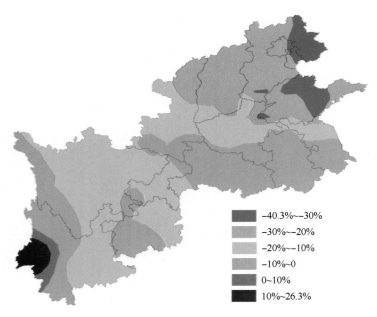

彩图 3.64 WOFOST 模拟的 2071—2100 年与 1961—1990 年
冬小麦潜在产量差值区域分布图(不考虑 CO_2 的肥效作用)

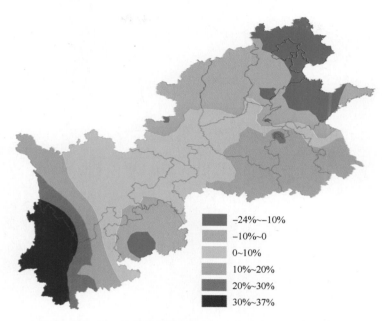

-24%~-10%
-10%~0
0~10%
10%~20%
20%~30%
30%~37%

彩图 3.65　WOFOST 模拟的 2071—2100 年与 1961—1990 年
冬小麦潜在产量差值区域分布图（考虑 CO_2 的肥效作用）

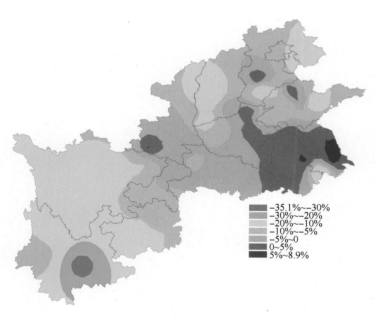

-35.1%~-30%
-30%~-20%
-20%~-10%
-10%~-5%
-5%~0
0~5%
5%~8.9%

彩图 3.66　WOFOST 模拟的 2071—2100 年与 1961—1990 年
冬小麦雨养产量差值区域分布图